科技基础性工作数据汇交与规范整编丛书

地理空间数据本体
概念、技术方法与应用

诸云强 潘 鹏 著

U0225841

科 学 出 版 社

北 京

内 容 简 介

本书是"科技基础性工作数据汇交与规范整编丛书"之一，系统总结了大数据背景下，地学数据共享的现状、问题与发展趋势，从地理空间数据特征分析入手，阐述了地理空间数据本体的定义和内涵，从构成、内容、组织三个维度提出地理空间数据本体的总体框架，研究设计了核心的时间本体、空间本体、要素本体、形态本体和来源本体的概念体系、语义关系及其具体的实现方法。最后，讨论了地理空间数据本体在地学数据集成与发现中的实践应用。

本书可供从事地学数据共享、科学大数据、知识图谱、地理本体研究的学者以及技术实践的工程人员参考，也可供高校从事相关专业研究的师生阅读使用。

图书在版编目（CIP）数据

地理空间数据本体概念、技术方法与应用 / 诸云强，潘鹏著.—北京：科学出版社，2019.3

（科技基础性工作数据汇交与规范整编丛书）

ISBN　978-7-03-060722-5

Ⅰ.①地…　Ⅱ.①诸…　②潘…　Ⅲ.①地理信息系统-研究　Ⅳ.①P208

中国版本图书馆 CIP 数据核字（2019）第 040854 号

责任编辑：刘　超 / 责任校对：樊雅琼
责任印制：吴兆东 / 封面设计：无极书装

科学出版社 出版
北京东黄城根北街 16 号
邮政编码：100717
http://www.sciencep.com
北京厚诚则铭印刷科技有限公司印刷
科学出版社发行　各地新华书店经销

*

2019 年 3 月第　一　版　开本：720×1000　1/16
2024 年 5 月第四次印刷　印张：12
字数：232 000

定价：**128.00 元**
（如有印装质量问题，我社负责调换）

前　　言

地学数据共享正在向以志愿数据共享、数据出版、智能数据发现、数据关联以及以模型共享为核心的动态数据共享方向发展。大数据时代，地学数据科学、知识图谱、信息化科研环境等已经成为新的研究方向与热点。由于地学数据存在多源、分散、异构的特点，在地学数据分类集成、共享利用以及知识图谱构建过程中，迫切需要统一的数据本体的支持。

在此背景下，本书以地理空间数据为研究对象，以数据的分类集成与高效共享等为应用目标，提出了地理空间数据本体的概念，并对地理空间数据本体的框架体系、构建方法与实践进行了系统的阐述。

全书共分 10 章，主要内容包括：

第 1 章：概述。在系统分析现代地球科学研究与科学数据关系、数据共享现状与发展趋势、地学科研信息化环境、地球数据科学与知识图谱发展趋势的基础上，阐述了地理空间数据本体研究的重要性与必要性。

第 2 章：地理空间数据及其主要特征。对地理空间数据、其生命周期及特征进行了系统的研究分析，为地理空间数据本体概念体系、构成与分类等奠定了基础。

第 3 章：地理空间数据本体的概念。在借鉴分析通用本体定义、构成、分类的基础上，提出了地理空间数据本体的定义、内涵及其作用。

第 4 章：地理空间数据本体的总体框架。从内容、构成、组成三个维度，提出了地理空间数据本体的框架，并对地理空间数据本体内容构成、组织层次进行了详细的讨论。

第 5 章：地理空间数据本体的核心模型。按照第 4 章提出的框架，分别介绍了构成地理空间数据本体的时间本体、空间本体、要素本体、形态本体、来源本体等核心本体的概念体系和语义关系。

第 6 章：地理空间数据本体的构建方法。介绍了本体构建常用的方法、语言与工具，以及地理空间数据本体构建的总体方法和模块化、标准化的设计方法与高内聚、低耦合的构建方法。

第 7 章：地理空间数据本体的构建实现。依据第 6 章的方法，介绍了时间本体、空间本体、要素本体、形态本体、来源本体的具体构建实现，以及地理空间数据本体的集成。

第 8 章：地理空间数据本体在数据集成建库中的应用。以科技基础性工作数据资料整合集成、贵州岩溶地下水数据库建设为例，介绍了地理空间数据本体在数据集成建库中的具体应用实践。

第 9 章：地理空间数据本体在数据智能发现中的应用。介绍了地理空间数据本体在数据发现中应用的总体技术路线及其关键技术，并对地理空间数据智能发现原型系统及其应用验证进行了分析。

第 10 章：地理空间数据本体未来研究与应用。从自动构建更新方法、数据本体库完善和数据本体应用三个方面展望了地理空间数据本体未来的研究与应用方向。

本书结构由诸云强设计，诸云强、潘鹏统稿。书中内容得到侯志伟、王东旭、孙凯、李威蓉的大力支持，其中，侯志伟主要参与了时间本体相关章节的撰写；王东旭主要参与了空间本体相关章节的撰写；孙凯主要参与了形态本体相关章节的撰写；李威蓉主要参与了来源本体相关章节的撰写。

本书出版得到了国家自然科学基金项目（41771430、41631177）、科技基础性工作专项项目（2013FY110900）、贵州省公益性基础性地质工作项目（黔国土资地环函〔2004〕23 号）等项目的资助，得到了中国科学院地理科学与资源研究所资源与环境信息系统国家重点实验室、江苏省地理信息协同创新中心、国家地球系统科学数据共享服务平台、中国地理学会地理大数据工作委员会的支持。

由于著者水平有限，书中不足之处在所难免，敬请读者指正。

作　者

2018 年 12 月

目　　录

第1章 概　　述

1.1　现代地球科学研究与科学数据

地球科学（简称"地学"）是以地球系统（包括大气圈、水圈、岩石圈、生物圈和日地空间）的过程与变化及其相互作用为研究对象的基础学科，主要包括地理学、水文学、土壤学、地质学、地球物理学、地球化学、大气科学、海洋科学和空间物理学以及新的交叉学科（地球系统科学、地球信息科学）等分支学科。

地球科学作为基础科学，其研究对象是极其复杂的行星地球，其研究具有明显的大科学特征（国家自然科学基金委员会地球科学部，2006）：

1）不同时空尺度基本地球过程及其相互作用是复杂的，其时间尺度从几秒钟地震到几十亿年的地球环境演化；空间尺度从矿物微区到全球环境变化。

2）那些基本地球过程的研究依赖于海量的科学数据，是数据密集型的科学。所以，地球科学的发展更加重视应用现代观测、探测、实验和信息技术对基本科学数据的系统采集、积累与分析。

3）地球系统的整体行为涉及地球各圈层的相互作用，其自然系统中的物理、化学、生物过程和人文因素影响交织在一起，导致地球系统观、整体观的建立。使全球性与区域性、宏观与微观、地球环境与生命过程等研究紧密结合，以揭示普遍性与特殊性规律，进而谋求区域可持续发展。

4）基于不同时空尺度的地球过程及其相互作用的复杂性和空间技术、地球内部探测技术、实验技术以及信息技术的广泛应用，使前沿研究与高新技术发展融为一体，使一系列针对地球科学难题的国际研究计划应运而生。

随着社会需求和科学发展不断地提出重大的科学问题，以及空间技术与信息技术和地球内部探测技术的飞快发展，使过去几十年中地球科学研究发生了重大跨越，即从各分支学科分别致力于不同圈层的研究，发展为地球系统整体行为及其各圈层相互作用研究；从区域尺度的研究，步入以全球视野研究诸多自然现象与难题的新阶段；从以往偏重于自然演化的漫长时间尺度到重视人类影响过程；把微观机理的研究与宏观研究紧密结合，形成了有机的整体。地球科学在 21 世纪初期的发展强烈地反映出以下趋势（国家自然科学基金委员会地球科学部，2006）：

1）以整体系统的观念认识地球、强化学科间的交叉与渗透、广泛应用与发展高新技术，以及社会功能日益增强为时代特征。

2）形成以不同空间尺度、时间尺度的基本地球过程研究为重点，定量化观测、探测和实验研究与动力学研究相统一的研究格局。

3）深入理解地球系统各圈层的基本过程与变化及其相互作用，以及人类活动的影响。以协调人与自然的关系，发展地球系统科学为主要发展方向。

4）利用对基本地球过程及其相互作用的认识，研究资源、能源、环境、生态、灾害和地球信息系统的基础问题，为经济、社会的可持续发展提供科学依据。

5）在上述背景与发展趋势主导下，大陆动力学、天气、气候系统动力学与气候预测、海洋环流与海洋动力学、地球表层过程与区域可持续发展、全球变化及其区域响应、地球环境与生命过程、日地空间环境与空间天气与相关技术等将成为发展的前沿。

6）计算机模拟技术、穿越圈层的示踪剂、覆盖全球的信息成为开展地球系统科学研究的重要条件。科学创新的全球化已成必然，全球知识和科技信息资源将成为国际化创新活动的公共平台。

随着地球科学各分支学科的不断融合，地球科学与生态科学、环境科学乃至社会科学的相互交叉与渗透，特别是 20 世纪 80 年代以来国际上先后发起的世界气候研究计划（WCRP）、国际地圈生物圈计划（IGBP）、国际生物多样性计划（DIVERSITAS）和国际全球环境变化人文因素计划（IHDP），到地球系统科学联盟（ESSP）的建立以及 2004 年 IGBP 进入第二阶段（IGBP Phase II）以后，地球系统研究的内涵及其包含的科学问题就越加清晰。地球科学进入以"地球系统"为研究对象，研究地球系统整体的结构、特征、功能和行为的新阶段，形成了一门全新的地球系统科学。对地球系统的整体性研究已经成为人类社会可持续发展战略的科学支柱，21世纪地球系统科学的发展将带给地球科学一场全新的革命（孙九林和林海，2009）。

地球系统科学的目标在于阐明自然和人为驱动力与地球系统变化相互作用的规律和机制；揭示地球系统整体演变的规律和机制；建立地球系统变化趋势的预测理论和方法，以及地球系统变化的调控理论和方法。显然，现有地球科学各个分支学科都是地球系统科学的重要基础，地球系统科学将在融合并集成各个分支学科的基础上，采用复杂系统科学理论和方法以及现代高新技术手段，创建新的地球系统科学体系（周秀骥，2004）。

从内涵上看，地球系统科学的概念远远超出传统地球科学的各分支学科，是以认识地球系统组成部分间的相互作用为关注焦点，其终极挑战在于把不同学科中的科学发现综合成大气圈、水圈、岩石圈与生物圈耦合系统的一种整体表现，而耦合的地球系统模型是预测地球环境未来变化及趋势的最佳工具。这样，综合集成及其观测、理解、模拟和预测成为地球系统科学的基本研究方法，即一种定量化的方向与综合集成的研究方法（孙九林和林海，2009）。

综上，对于地球科学发展及其与科学数据的关系可以形成以下认识。

1）现代地球科学在传统分支学科发展的基础上，正在向地球系统科学的综合集成研究发展，更加强调圈层间的相互作用，学科间的交叉集成（孙枢，2005；汪品先，2003；周秀骥，2004），特别是自然科学与社会科学的融合，推进人地关系研究，强化对人类社会可持续发展的服务功能。

2）现代地球科学及其地球系统科学研究对象是复杂的非线性巨系统，具有时空尺度大等特点，要求在全球变化的背景下开展区域集成的研究，需要不同学科、不同区域科学家之间的协同研究，甚至需要科学家与政府决策、企业集团之间进行合作。

3）现代地球科学及其地球系统科学研究是典型的数据密集型研究，综合集成以及观测、理解、模拟和预测，已经成为地球系统科学的基本研究方法，考虑最重要的科学问题并仔细选择关键变量，优先识别并获取关键变量的精确数据（特别是不能从其他独立参数推出来的参数）（美国国家航空和宇宙管理局地球系统科学委员会，1992）便成为研究的关键。现代地学研究，如全球环境变化研究，不仅需要长时空序列的基础数据，而且需要全球范围的集成性综合数据产品的支持（黄鼎成等，2005）。

4）现代地球科学研究需要大范围、多学科、长时空序列的基础科学数据，这些科学数据无法通过单个科学家或团体自行独立获取，而是需要通过不同学科、不同区域科学家之间的合作，甚至科学家与政府、企业集团之间的合作，通过科学数据共享的途径获取。

1.2 地球科学数据共享现状与问题

1.2.1 地学数据共享国内外现状

地学数据是与地球参考空间（二维或三维）位置有关的、表达与地理客观世界中各种实体和过程状态属性的数据，具有来源多样、分散异构和多种尺度的特征（李军和周成虎，1999）。地学数据共享已经引起国际社会的广泛关注，相关工作可以分为两类，一是传统基于共享中心（平台）的地学数据共享，二是基于科学大数据共享计划的地学数据共享（科学大数据参见第1.4节）。

1. 传统基于共享中心（平台）的地学数据共享

建设全球变化与地球系统研究的数据、信息系统，推动区域和全球数据共享几乎成为各国际科学团体的一项重要任务（孙九林和林海，2009）。国际组织和世界主要发达国家、发展中国家启动并建立了一系列的地学数据共享中心（平台），取得了显著的进展。

1957年国际科学联盟理事会（International Council of Science Unions，ICSU）成立了世界数据中心（World Data Center，WDC），经过50多年的发展在全球建立了51个数据中心，分布在美国、欧洲、中国、日本和印度等国家和地区。2008年在第29届ICSU①大会上WDC正式发展变革为世界数据系统（World Data System，WDS），进一步强调WDS向国际科学联合体和其他利益相关者提供长期的数据访问和数据服务，鼓励各国加强数据和信息工作，把专业的数据服务体系作为一项国家级的长期科学基础设施来重视和支持

---

① 1998年，原国际科学联盟理事会发展成为国际科学理事会（International Council for Science，ICSU）

（Korsmo，2010；王卷乐和孙九林，2009）。为了进一步促进全球地球观测数据的共享，2005 年地球观测组织（Group on Earth Observations，GEO）成立，其目标是制定和实施全球地球综合观测系统（Global Earth Observation System of Systems，GEOSS）。目前，GEO 已经有 87 个成员和欧盟及 61 个参加组织（Bai and Di，2012）。国际山地中心作为兴都库什-喜马拉雅区域国际组织，自 2006 年开始积极推动该区域的山地空间数据共享，主持创建了兴都库什-喜马拉雅地区空间信息共享网络（Shrestha，2007）。

美国国家航空航天局（NASA）在 20 世纪 80 年代起就建立了分布式在线数据存档中心和地球观测系统数据信息系统（Earth Observing System Data and Information System，EOSDIS），负责地球观测系统数据的处理、再加工、保存管理和分发等服务（Di et al.，2010）；同时构建了全球变化主目录（Global Change Master Directory，GCMD）（Nagendra et al.，2001）提供世界范围与全球变化研究相关的数据、服务和辅助（观测平台、仪器设备、项目、数据中心等）信息元数据描述，目前已经拥有 29 000 个地球科学数据和服务的描述信息[①]。

20 世纪 90 年代初，美国开始推动国家空间数据基础设施（National Spatial Data Infrastructure，NSDI）的建设，作为 NSDI 重要的组成部分和电子政务项目之一，2003 年开始建立了地理空间一站式共享网络（Goodchild et al.，2007），后并入美国开放政府数据网站（Ding et al.，2011）。2001 年开始欧盟启动了欧洲地理空间基础设施（Infrastructure for Spatial Information in Europe，INSPIRE）（Bernard et al.，2005）。加拿大、澳大利亚、英国、荷兰、智利、南非、印度等国家都建立了国家空间数据基础设施或数据仓库（Crompvoets et al.，2004；Kok and Loenen，2005；Rao et al.，2002）。

在中国，20 世纪 80 年代开始中国科学院主持建设了中国科学院科学数据库（桂文庄，2007）。1997 年成立国家地理空间信息协调委员会，开始推动国家空间信息基础设施的建设。1999 年，科学技术部在科技基础性工作和社会公益性研究专项中，启动了科技基础数据库建设。2002 年科学技术部启动了科学数据共享工程，资源环境、农业、人口与健康、基础与前沿等领域 24 个部门开展了科学数据共享，包括：气象、测绘、地震、水文水资源、农业、林

---

① 参见 http://gcmd.gsfc.nasa.gov/learn/index.html

业、海洋、国土资源、地质与矿产、对地观测等行业领域国家科学数据共享中心和地球系统、人口健康、基础科学、先进制造与自动化科学、能源和交通等学科领域的科学数据共享网（Xu，2007）。2005 年开始，科学数据共享工程纳入国家科技基础条件平台。6 大类 43 个科技资源共享平台得到了支撑，包括：研究实验基础和大型科学仪器设备共享平台、自然科技资源共享平台、科学数据共享平台、科技文献共享平台、科技成果转化公共服务平台和网络科技环境平台（黄珍东等，2013；刘润达等，2012）。2011 年 11 月，首批 23 家国家科技基础条件平台通过科技部和财政部的认定，正式进入运行服务阶段。首批通过认定的科学数据共享平台[①]包括：地球系统科学数据共享平台、气象科学数据共享中心、地震科学数据共享中心、农业科学数据共享中心、林业科学数据平台和人口与健康科学数据共享平台。据统计，目前在中国境内运行并有实质性数据内容的有 84 个公益性科学数据资源共享网站（刘润达，2013）。

2. 基于科学大数据共享计划的地学数据共享

伴随着大数据时代的悄然来临，各国视大数据为宝贵的国家战略资源。美国认为全国范围的大数据创新生态系统能够帮助美国充分利用大而繁杂的数据集所创造的新机遇[②]。为此，美国在 2012 年公布了"大数据研发计划"（Big Data Research and Development Initiative，BDRDI），开发大数据收集、存储、维护、管理、分析和共享核心技术，并将提高和改进人们从海量和复杂的数据中获取知识的能力作为 BDRDI 的重要目标[③]。BDRDI 得到了美国国家卫生研究院（National Institues of Health，NIH）、美国国防部（Department of Defence，DOD）、美国能源部（Department of Energy，DOE）等 15 个不同领域的联邦部门和机构共同参与，并将鼓励数据分享和管理的相关政策以提高数据价值，理解大数据收集、共享和使用过程中的隐私问题、安全问题和伦理问题等科学大数据共享相关内容列为工作重点。

---

① http://www.most.gov.cn/tztg/201111/t20111115_90870.htm
② Administration Issues Strategic Plan for Big Research and Development. [EB/OL]. [2016-05-23] https://obamawhitehouse.archives.gov/blog/2016/05/23/administration-issues-strategic-plan-big-data-research-and-development
③ 美国政府出台大数据研发计划[EB/OL]. [2012-04-24]. http://www.most.gov.cn/gnwkjdt/201204/ t20120424_93877. htm; Tom Kalil. Big Data is a Big Deal. [EB/OL]. [2012-03-29]. http://www.whitehouse.gov/ blog/2012/03/29/big-data-big-deal

为整合各成员国的科研力量，提升欧洲总体研究水平，欧盟于 1984～2013 年实施了 7 期框架计划。最近一期的第 7 框架计划（7th Framework Programme，FP7）实施周期为 2007～2013 年，包括了合作计划、原始创新计划、人力资源计划、研究能力创新计划 4 个专项计划，其中研究能力创新计划主要包括加强基础学科研究、建设知识区域、提高欧洲的研究潜力、加强国际合作等 7 项内容，该计划将科学大数据集成共享纳入到计划范围之内，并启动了包含科学大数据集成共享内容的全球科学数据基础设施建设项目 GRDI2020（GRDI2020—Towards a 10-Year Vision for Global Research Data Infrastructures）。继 GRDI2020 之后，欧盟还在 2014 年正式编制并启动了新的研究与创新框架计划"地平线 2020"（Horizon 2020），该计划旨在帮助科研人员实现科研设想，获得科研上新的发现、突破和创新，促进新技术从实验室到市场的转化。Horizon 2020 确定了基础科学、工业技术和社会调整 3 个共同的战略优先领域，其中，基础科学领域下属的欧洲基础研究设施建设行动计划将 e-基础设施建设作为重点内容，e-基础设施建设通过整合不同的设备、服务、数据源以及广泛的跨国合作，促进欧洲的研究与创新潜力的发展[①]。Horizon 2020 对整合欧盟各国的科研资源，推进科学大数据共享，提高科研效率，促进科技创新发挥着积极作用。

1.2.2　地学数据共享存在的问题

在国际组织、各个国家政府部门等的推动下，地学数据共享得到了极大的发展，在支撑地学科技创新和经济社会发展决策中发挥了显著的作用。然而，地学数据共享离"完全开放"的要求、离地学研究者实际的需求，还有很大的差距。据《科学》期刊 2011 年的调查显示：曾经向同事要过已发表论文的相关数据的科研人员占 96.3%，但只有 76.4% 的科研人员从同事中得到了数据；当问到是否有足够的经费支持实验室或研究团队进行数据长期保管时，只有 8.8% 的科研人员回答足够，10.9% 回答有但不足，而 80.3% 的则是没有经费支持（Staff，2011）。地学数据共享还存在着共享机制、数据发现、数据共享质量、

---

① 地平线 2020 计划. [EB/OL]. [2014-07-01]. http://www.cstec.org.cn/ceco/zh/show/359.aspx；HORIZON 2020. The EU Framework Programme for Research and Innovation. [EB/OL]. http://ec.europa.eu/programmes/horizon2020/ [2014-07-01]

动态数据共享四类问题，涉及机制、数据、软件技术等方面（Ran et al.，2007；Wang and Vergaraniedermayr，2008；诸云强等，2012），具体如下。

1. 数据共享机制问题

科学数据共享包含5个基本要素：数据资源、共享技术、组织管理、共享规则和发展需求，它们之间的关系存在着相互依赖和相互促进的关系（图 1-1）（陈军和王春卿，2003）。

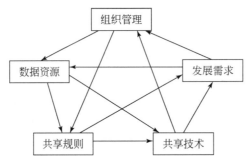

图 1-1 地学数据共享要素之间的关系

在组织管理要素上，当前科学数据共享主要采用"自上而下"的模式来开展（刘闯，2014），即主要是依靠国家政府部门的投资，通过建立国家级或部门级平台，依靠平台参建单位来整合集成数据资源或规定国家投资的科研项目必须进行科学数据的汇交，如当前国家科技基础条件平台数据资源的整合模式、国家重点基础研究发展计划（973 计划）资源环境领域项目数据汇交（王卷乐等，2009）、美国国家卫生研究院（NIH）资助的项目数据共享等。尽管国家级或部门级平台也有开放的数据汇交功能，但从现有平台实际执行情况来分析，作为科学数据产生的核心群体"科学家个人用户"很少主动共享科学数据。科学家个人用户是科学数据"一线"使用者和产生者，忽视科学家个人用户的"自上而下"的组织管理模式不利于科学数据共享，也难以满足现代数据密集型地学研究的需求。

2. 数据发现成效问题

尽管国内外已经有很多的数据共享系统（网站），但是对用户来说数据发现成效仍然是一个大问题。主要的原因包括：一是各大数据共享系统之间缺乏互操作，越来越多的数据共享网站慢慢又形成新的更大的孤岛。用户有时需要到不同的网站去查找数据。尽管可以利用 OAI-PMH（Open Archives Initiative Protocol for Metadata Harvesting）[①]、CSW（Catalog Service for Web）[②]、Z39.50（Information Retrieval Application Service Definition and Protocol Specification）[③]和 ZING（Z39.50 International Next Generation）等实现元数据、数据目录和数据库等不同层面的互操作，但这些标准在现行的地学数据共享系统并没有得到普遍的应用。二是由于大部分的数据共享系统采用基于关键词匹配的方式搜索数据，缺乏基于语义及语义推理的数据检索，数据查不全、查不准的问题普遍存在。

3. 数据共享质量问题

数据共享质量包括两个层面：一是网络共享服务的质量，二是数据本身的质量。网络共享服务质量主要指数据描述信息的质量及数据的可获取性及获取的便捷性；数据本身质量主要指数据的科学性、可靠性和时效性。数据描述信息通常利用元数据（对数据资源标识、内容、时空范围、质量等的描述）和数据文档（对数据资源要素字段、产生方式、方法及使用要求等的详细描述）表达。前者的质量直接关系数据搜索的精度，以及用户对数据是否符合要求的判断；后者的质量直接关系到用户能否正确使用数据资源。

由于缺乏元数据著录规则或著录不认真等原因，现有数据共享系统中的元数据质量并不理想，如很多地理空间数据都缺乏时空范围、数学基准等描述项。甚至从元数据标准源头上，为了兼容不同类型或学科的数据资源，很多共享系统元数据标准本身就缺乏时空范围、粒度等元数据项。数据文档缺乏或质量不高（对数据字段要素单位、值域代码、数据来源、处理方法、精度验证等缺乏清晰的说明），导致用户无法正确使用数据的情况时有发生。

除了元数据和数据文档质量外，数据的可获取性和获取的便捷性也是比较大的问题。大部分的数据共享网站都是以在线和离线相结合的模式对外提供服务的。在线服务中有相当一部分的数据是通过导航链接的形式，用户需要逐级导航到目

---

① http://www.openarchives.org/OAI/2.0/openarchivesprotocol.htm
② http://www.opengeospatial.org/standards/cat
③ http://www.loc.gov/z3950/agency/Z39-50-2003.pdf

标数据页面中，有时到了目标数据页面后，却发现描述的数据已经不在或不能访问；而离线服务需要填写各类申请表甚至要求盖章签字，大大影响了数据获取的便捷性。用户获取到数据后，数据本身的质量非常关键。目前，用户反映最多的问题，还是共享数据的时效性、精度和粒度等难以满足个性化的需求。

4. 动态数据共享问题

目前的数据共享大多是静态的模式，即数据提供者将已经完成好的数据产品发布到网站上，供用户直接共享访问。当用户想要的数据只是共享数据的一部分，或需要另外一种数据格式、投影方式，以及希望得到基于共享数据再计算的数据产品时，静态数据共享模式还是需要把共享数据先下载下来，然后再进行离线处理，这极大影响了数据共享的效率和水平，急需要通过在线模型计算和工具软件，实现动态的数据共享。

1.2.3 地学数据共享发展的趋势

针对上述数据共享机制、数据发现成效、数据共享质量、动态数据共享四类问题，目前地学数据共享呈现出了相应的发展趋势（诸云强等，2014）。

1. 志愿数据共享与数据出版

解决目前地学数据共享机制问题的核心是要保障数据贡献者的权益，激励他们志愿将自己的数据共享出来。数据贡献者的权益包括：知识产权、知情权、决策权。知识产权是指数据贡献者拥有自己生产的数据产品的发表权、署名权、保护作品完整权、修改权、复制权、网络传播权等。任何数据共享中心或系统必须取得数据产品作者授权后才能对其进行网络传播、复制、修改等；知情权即数据贡献者有权利知道自己数据的被使用情况；决策权即数据贡献者有权利决定数据是否提供给用户。

在保护数据贡献者权益的基础上，还要研究激励机制，吸引数据拥有者共享数据。对于公益性数据共享，主要的措施有：①通过积分的形式，用户贡献的数据越多共享到别人的数据越多。如国内数据堂网站（http://www.datatang.com）数据提供者发布数据时可以对数据标"积分"，当该数据被用户下载时数据提供者将获得对应的"积分";国家科技报告服务系统(http://www.nstrs.cn)规定按照呈交科技报告页数的 15 倍向经反馈确认的科技报告第一作者赠送原文推送服务"阅点"。②推进数据标识、出版、引用机制。利用数字对象唯一标识符(digital object identifier,DOI)对科学数据进行全球唯一标识,将数据集生产方法和内容撰写成数据论文(data paper)进行数据出版,推动数据用户对数据集及数据论文的引用,建立数据引用指数,将数据利用或被引用情况作为对数据集评价的重要指标,给予数据提供者应有的声誉。

科学数据标识、出版和引用正在引起学术界的高度重视,国内外相关研究机构做了一系列探索性的研究和实践。如德国科学基金会在 2003～2005 年资助了科学数据出版和引用项目,利用 DOI 来确认唯一标识科学数据,并将该标识解析到其存放的有效的 URL(统一资源定位符),这使得联机出版的科学数据的引用成为可能(Wiederhold,1992)。很多国际期刊要求作者在文章正式发表前将相关数据公开,如 *Nature*,*Science*,*Plos Biology* 等;全球生物多样性信息设施(Global Biodiversity Information Facility,GBIF)提出了数据利用指标(data usage index,DUI),汤森路透(Thomson Reuters)公司推出了数据引用指标(data citation index,DCI)旨在将科学数据也纳入到学术成果评价体系中(吴立宗等,2010)。中国科学院地理科学与资源研究所推动建立了全球变化科学数据注册与出版系统(http://www.geodoi.ac.cn),中国科学院寒区旱区环境与工程研究所[①]开展了地学数据 DOI 注册与引用研究等(吴立宗等,2010,2013a,2013b)。

只有切实保护好数据贡献者的权益,给予数据提供者应有的地位,才能真正激励和推动科学家群体真正主动共享自己的科学数据,达到"志愿共享"的局面,实现"每个科研人员既是科学数据的使用者,又是科学数据的提供者"。志愿数据共享与数据出版是地学数据共享今后的重要发展趋势。

2. 基于语义的智能数据发现与数据关联

基于前文的分析,数据发现存在两个层面的问题:一是不同数据共享系统间的孤岛问题,二是同一数据共享系统内数据查不全、查不准的问题。前者需要不断完善元数据互操作协议,使之简单化并且能够兼容各类元数据标准。各

---

① 现为中国科学院西北生态环境资源研究院

大数据共享系统遵循统一的元数据互操作协议，开放元数据发现和权限认证接口，进而建立泛在的网络元数据发现和认证联盟。后者需要引入语义本体和数据关联等技术，建立基于语义推理的数据发现和相关度排序体系，进而实现地学数据的智能发现。

本体自 20 世纪 90 年代提出后，就受到国内外学者的广泛关注。本体在地学数据搜索、发现中的研究也层出不穷，如本体支持的时空数据查询方法、智能化空间信息服务发现、地理空间实体类型语义相似度计算研究等（Bozsak et al., 2002；Domingue et al., 1999；Eriksson et al., 1999；Farquhar et al., 1997）。尽管如此，本体在地学数据共享系统中的成功应用并不多，主要原因是缺乏可用的地学科学数据本体库。

关联数据（linked data）通过明确的语义表达，使得不同领域、来源和结构的数据可以相互链接，从而促进数据的查找、集成与利用，为构建一个富含语义、人机都可理解的、互连互通的全球数据网络奠定基础。关联数据自 2006 年提出后，迅速受到美国、英国等发达国家政府、科技界和工业界的广泛关注（Sure et al., 2002；Swartout et al., 1996；Bai et al., 2012；Bernard et al., 2005）。2007 年 W3C 启动了链接开放数据项目（Linking Open Data, LOD），美国政府、英国政府采用关联数据技术将政府开放数据转换为关联数据，英国广播公司（BBC）、纽约时报、路透社、百思买等，也纷纷采用关联数据发布多媒体、新闻等数据（Borst, 1997；Corcho and Fernández-López, 2003；Crompvoets et al., 2004）。国内关联数据研究刚刚起步，而且大多数的研究集中在文献情报领域，仅有沈志宏等利用关联数据在科学数据库中开展了应用研究（沈志宏等，2012），诸云强等开展了多维高精度的地理空间数据并联研究（Zhu et al., 2017），大规模的关联数据构建基本没有。

构建地学科学数据本体，发展地学数据自动关联算法，建立数据与数据之间，数据与文献甚至是标准规范、仪器设备、模型工具之间的关联，切实支撑基于语义的地学科学数据智能发现、优化排序和数据关联推荐将是下一步地学数据共享发展的重点。

3. 完全开放的高质量数据共享

数据本身的质量受制于数据提供者，从共享的角度，无法改变原有数据的质量，但可以从数据源选择、共享数据质量评审、检查等角度提高共享数据的质量。通过数据质量评级标识和数据使用者反馈，辅助用户直观地了解数据的质量。同时，严格元数据和数据文档的规范化填写，如数据集名称一般应包含空间、时间和数据主题内容三要素（如中国 2010 年土地利用数据集），关键词应不少于 3 个，地理空间数据的元数据必须包含时间范围、空间范围以及空间基准、空间精度（比例尺或分辨率）；数据文档中必须对数据集的内容字段及其数值单位、数值代码类型，数据来源、生产方法、质量控制措施，数据使用环境、使用限制，数据的产权信息及引用方式等进行详尽的说明，全面提升元数据和数据文档的质量，提高元数据检索的精度、辅助用户正确使用共享数据。

尤为重要的是要坚持"完全、开放"的数据共享理念，简化数据获取流程，尽量提供便捷的在线数据获取，对数据服务方式进行明确的标识（用醒目的符号提示用户哪些数据是可以自由下载的，哪些需要认证后才能访问，哪些是离线申请的数据等），避免用户多次链接后还是访问不到具体的数据。对于离线数据要说明离线的原因、申请要求以及详细的联系方式，保证用户按照离线要求能够获取到数据。

因此，完全、开放、高质量的数据共享应该是当前地学数据共享系统努力发展的方向。

4. 在线软件工具与计算模型共享

克服静态数据共享模式缺陷的方法，就是提供在线的数据浏览、处理、转换、裁剪、计算的模型工具，通过这些模型工具，实现数据格式、投影方式的在线转换，在线数据剪切、动态数据产品计算等，直接提供用户想要的数据产品，而不是原始的数据文件。为了保障在线处理、计算的高效性，还需要有强大计算能力的支持。

吉姆·格雷提出的现代第四科研范式——数据密集型科研就是利用海量科学数据，通过挖掘分析、模拟预测等方法发现、寻找科学数据背后隐含的科学规律和问题（Hey et al.，2009）。因此，更多、更强大的数据处理转换、挖掘分析、模拟计算工具软件的研发是第四科研范式发展的必然要求。提供在线的数据处理、转换、分析工具也是国际数据共享系统发展的一个重要方向。如美国全球变化主目录（GCMD）除了数据目录外，还提供海量数据在线处理、分析与可视化的工具软件。全球变化研究信息化基础设施或科研信息化环境强调的也是为科研人员提供一个集数据、模型、计算一体化共享、协同研究的环境（诸云强等，2011）。

由此可见，在数据共享的同时，提供方便用户使用的在线数据处理转换、计算分析工具甚至是数据-模型-计算的一体化共享是数据共享系统未来发展的重要方向（诸云强等，2013）。

1.3 地球科学信息化科研环境

为了支撑地球科学，特别是地球系统科学的研究，20 世纪 90 年代产生了地球信息科学（Geo-informatics 或 Geo-information Science）。地球信息科学是在信息科学和地球系统科学基础上，由卫星遥感、全球定位系统、地理信息系统、计算机制图与电子地图、数字通信网络、多媒体技术与虚拟技术等高度集成的科学技术体系，是 20 世纪 70 年代发展起来的信息科学和 80 年代兴起的地球系统科学交叉形成的一门新兴科学（陈述彭，2007；廖克等，2007）。

地球信息科学强调地球信息的三元特征（属性、空间、时间），在对地球系统及各组成部分信息流形成机理研究的基础上，开展地球信息采集、传递、存储、处理、显示与应用的研究，认为地球信息在流动中不断发生转变和增值。地球信息科学的技术体系主要由对地观测技术、地理信息技术、互联网技术等组成（廖克等，2007）。

随着 Web 2.0、互联网、智能移动终端、云计算等技术的发展以及科学数据的急骤性增长，海量科学数据对科学研究的影响、新的科研范式等引起了国内外学者的广泛关注。2011 年 2 月 *Science* 刊登了 "数据处理"（*Dealing with Data*）" 专辑，围绕日益增长的研究数据洪流进行研讨，认为：大部分的学科领域正在面临数据洪流的挑战，如果能更好地组织并访问到数据，对于科学研究来说将是巨大的机会（Staff，2011）。在地理信息领域，Goodchild（2007）在 Web 2.0、集体智慧等背景下，提出了 "自发地理信息"（VGI）的概念，认为人人都是地理信息的传感器、使用者和贡献者。VGI 将是传统地理信息采集方法非常有效的补充。李德仁（2013）、李德仁和邵振峰（2009）认为新地理信息时代已经到来，地理信息服务对象扩大到大众用户，用户同时是空间数据和信息的提供者，传感器网络将数据从死变活、提供按需求服务等。

Jim Gray 更是认为新一代的科研范式"数据密集型范式"（the fourth paradigm of scientific research: data-intensive science）已经出现（Hey et al.，2009）。Jim Gray 将科学研究范式总结为四种：第一范式产生于几千年前，是以观察和实验为依据的研究，可称为经验范式；第二范式产生于几百年前，是以建模和归纳为基础的理论学科和分析范式，可称为理论范式；第三范式产生于几十年前，是以模拟复杂现象为基础的计算科学范式，可称为模拟范式；第四范式今天正在出现，是以数据为基础，联合理论、实验和模拟于一体的数据密集计算的范式。数据被一起捕获或者由模拟器生成，由软件处理，信息和知识存储在计算机中，科学家使用数据管理和统计学方法分析数据库和文档，可称为数据密集型范式。

由此可见，相比与地球信息科学强调发展地球信息的采集、获取［如全球定位系统（GPS）、对地观测系统（EOS）］，处理、分析与可视化（如地理信息系统 GIS、虚拟地理环境等）单一技术与应用，数据密集型时代下的科研范式，更加强调网络环境下，科研人员之间的协同交流、科技资源（数据、模型、计算资源等）的开放共享、智能关联与协同应用。因此，数据密集型科研范式下，需要进一步在地球信息科学的基础上，研究和发展地学科研信息化环境，构建科研人员既是地学信息资源（数据、模型、文献、知识等）的使用者，更是信息资源贡献者的氛围。利用这些信息资源、工具软件、信息化基础设施等开展协同的研究，从而提升地学研究的效率和水平。

1.3.1 地球科学信息化科研环境的定义与特征

科研信息化环境（electronic supporting environment for science，e-Science）作为科学研究的下一代基础设施，早在 1999 年就由当时的英国科技部主任 John Taylor 提出了，并引起了科技界的广泛关注，人们从不同的视角开展 e-Science 的研究和应用。

John Taylor 认为：e-Science 是促使全球性的、跨学科的、大规模合作研究和资源共享成为可能的基础设施。英国著名科普杂志《新科学家》指出：e-Science 是一种日益依靠以因特网为支撑的分布式全球合作来进行的科学研究。为实现其目标，它必须处理大型数据集，并利用万亿级的计算资源以及高性能可视化设备。Christine Borgman 认为：e-Science 的目标是构建一种新型的科学研究模式，这种新型科研模式具有信息密集、数据密集、分布式、协作和多领域的特征。

地球科学信息化环境（electronic supporting environment for geoscience，e-Geoscience）是数据密集型科研范式下，为了满足现代地学研究的需要而构建的科研信息化环境。e-Geoscience 是在传统地球信息科学的基础上，进一步在高速互联网络、高性能计算、海量存储设备以及 Web 2.0、云计算、移动通信等新一代信息化基础设施和信息技术支撑下，支撑现代地学创新研究和服务社会经济可持续发展决策的科研信息化环境（诸云强等，2013）。

e-Geoscience 具有以下几个方面的显著特征（诸云强等，2013）。

1. e-Geoscience 是地球信息科学的继承和发展

地球信息科学是以地球信息为对象，研究地球系统及各组成部分信息流的形成机制与传输方式，以及地球信息的采集、传递、存储、处理、显示与应用的科学与技术。e-Geoscience 以地球信息科学为基础，更加强调以科研人员需求为核心，实现地球信息科学技术方法的集成、信息的创造与共享、协同的研究。因此，e-Geoscience 是现代化信息技术和理念模式下，地球信息科学的继承和发展。

2. 新一代信息化基础设施和技术是 e-Geoscience 的基础

e-Geoscience 必须构建在新一代信息化基础设施和技术之上，包括高速的网络环境、海量的数据存储设施、高性能的超级计算环境、分布式计算、云计算等。由于所有的活动和应用都需要在网络上开展，因此高速的网络环境又是 e-Geoscience 基础的基础。海量数据存储设施和高性能超级计算环境则解决了地学海量数据存储和高精度地学模拟计算的迫切需要。

3. 地学信息资源共享是 e-Geoscience 的核心

地学信息资源包括地学数据资源、科技文献、模型工具等，它们是地学研究的基础。长期以来，由于体制、观念和技术的原因，地学资源得不到充分的共享,地学资源重复建设现象明显,严重阻碍了地学研究的发展。因此,全球范围内各类地学资源的共享是开展全球性跨区域、跨学科合作研究的核心。

4. 科研人员主动参与、开放是 e-Geoscience 的生命力

e-Geoscience 的服务对象是科研人员,因此科研人员的参与是 e-Geoscience 发展的生命力。一方面,基于 e-Geoscience 科研人员要能够获取开展科学研究所需要的各类资源,包括:数据资源、模拟模型、文献知识,以及强大的计算、存储资源;更重要的是要按照 Web 2.0 和云服务等理念,构建一个开放的 e-Geoscience,使得科研人员能够将自己的数据、模型、计算资源不断地整合到 e-Geoscience 中,营造科研人员既是地学资源的使用者,又是资源的贡献者的氛围和环境,只有这样才能促进 e-Geoscience 的持续发展。

5. 协作研究是 e-Geoscience 的终极目标

e-Geoscience 最终目的是要促进全球性、跨区域、跨学科的协作研究。而这些协作依托于前述的信息化基础设施,包含两个层面的协作:一是能够面向科学问题,实现分布式地学资源的协同调度,包括地学数据资源、模型工具、计算能力的调度和组合,形成面向科学应用的协同工作环境;二是基于前述协同工作环境,不同学科、不同区域的科学家开展的协作,共同解决复杂的地学科学问题。

1.3.2　地球科学信息化科研环境研究现状

国际上已经开始探索如何将 e-Science 应用到地学领域,从而满足现代地学研究的需要。例如,美国国家基金会资助的 GEON[①]项目正在开发支持地学集成研究的网络基础设施;德国地球科学研究中心于 2006 年启动了 e-GEOS 项目,通过研究地学数据、模型、协同工作模块,构建适合于地学研究的 e-Science 体系;日本国家高级工业科技所发起了 GEO Grid 项目,旨在联合日本本国和其他国际组织,开展地学 e-Science 研究;英国 e-Science 计划的

---

① Geosciences Network,http://www.geongrid.org

Discovery Net 项目则对遥感海量数据的传输开展了研究等。

我国也陆续启动了一批项目，支持 e-Science 的研究。如 2002 年国家高技术研究发展计划（863 计划）启动了"高性能计算机及其核心软件"重大专项，构建形成了中国国家网格（CN Grid），支持了气象、资源环境、航空制造、生物信息、地质调查等 11 个应用网格；国家自然科学基金委员会也启动了"以网络为基础的科学活动环境研究"重大研究计划，支持了网络计算环境的基础科学理论、综合试验平台、典型应用示范 3 个层次中的基本科学问题和关键技术的研究；教育部"十五"211 工程公共服务体系建设计划中也设立了"中国教育科研网格"（China Grid）重大专项，将分布在中国教育和科研计算机网（CERNET）上自行管理的、分布异构的海量信息资源集成起来等。中国科学院非常重视 e-Science 的研究和建设，在信息化发展规划中将科研活动的信息化作为中国科学院信息化的核心。2002 年，中国科学院提出了在信息化建设中实施 e-Science，并在"十五"期间陆续启动了一批 e-Science 的基础设施建设项目及其典型应用，开展了 e-Science 的探索性研究。为了推进中国科学院 e-Science 的研究发展，中国科学院在"十一五"信息化专项中设立了"e-Science 应用示范"项目。在地学领域启动了地学 e-Science 应用示范研究——东北亚综合科学考察与合作研究平台构建、服务于生态系统碳收支集成研究的 e-Science 环境建设及应用示范、支持海岸带环境与生态过程监测的 e-Coastal Science 平台建设与应用、支持黑河流域生态-水文模型集成研究的 e-Science 环境 4 个项目。

2010 年，863 计划又启动了面向地球系统研究的两项高性能计算重点项目：面向地球系统模式研究的高性能计算支撑软件系统，以及地球系统模式中的高效并行算法研究与并行耦合器研制。

面向地球系统模式研究的高性能计算支撑软件系统项目的目标是：针对我国地球系统模式研究的迫切需要，依托国产高性能计算机，研究 PB 量级的地球系统模式数据格式转换、存储、传输与访问技术，地球系统模式并行调试与性能优化方法，TB 量级地球系统模式输出数据的快速可视化与诊断分析；开发地球系统模式研究的实用工具集；研制地球系统模式的一体化集成开发环境。整体提高我国地球系统模式的研发效率，支持我国全球变化研究，满足 IPCC 及其他气候变化研究对高性能计算支撑软件的需求，使我国地球系统模式研究支撑软件技术达到世界先进水平。研究内容包括：地球系统模式海量异构数据的高效集成与管理技术，地球系统模式海量数据的快速可视化及诊断分析技术，地球系统模式 MPMD 程序的调试、分析与高可用技术，地球系统模式一体化集成开发环境及示范应用。

1.3.3　地学科研信息化环境面临的问题与对策

e-Geoscience 在支撑促进现代地学创新研究和服务社会经济可持续发展决策的同时，在地学信息资源持续共享、地学信息资源质量保障、地学信息资源智能发现和地学科研信息化环境应用方面（诸云强等，2013），也面临着一系列的问题和挑战。

1. 地学信息资源持续共享

地学信息资源共享是 e-Geoscience 的核心。尽管我国科技资源共享取得显著的进步，然而如何确保持续良性循环的地学信息资源共享还存在很大的挑战。一方面要持续加强国家层面的政策引导，约束和规范各类科技计划产生的信息资源共享；另一方面要尊重知识产权，采用 DOI 和 DCI 对信息资源进行标识引用和评价，要求用户在成果中必须明确标注信息来源，引用提供者要求的参考文献，保障信息资源提供者的知情权、决定权和被引用权，形成信息资源拥有者自愿参与地学信息资源共享的激励机制，发挥群体智慧才能促进地学信息资源的持续共享。

2. 地学信息资源质量保障

传统信息资源共享模式中，信息资源通常按照规定的标准进行汇交、集成和发布，由共享管理中心负责信息资源的质量。在 e-Geoscience 中，实行"人人都是科技资源的使用者和贡献者"的机制，大量科研人员的参与有利于地学信息资源的持续汇集和更新，然而如何保障科研人员共享的地学信息资源质量是关键的问题。一方面要倡导"谁发布、谁负责"的信息资源质量观；另一方面要加强信息资源质量标准的宣传和贯彻及在线自动检查工具的应用；尤为重要的是在 Web 2.0 环境下，要建立网络信息资源质量同行评审、管理中心鉴定和用户评论制度。对于通过评审和鉴定的信息资源，或者用户好评的信息资源，进行高信誉度的标签，以便用户的使用。

3.地学信息资源智能发现

不同类型、海量的地学信息资源在 e-Geoscience 中不断积累、增长时，采用传统的关键词匹配或分词检索技术，由于信息资源语义异构等问题，会造成难以精确、快速发现用户需要的信息资源问题。为此，必须加强地学信息资源语义互操作研究，建立地学时空本体库、信息资源内容本体库、信息形态结构本体库等，利用关联数据（linked data）和语义推理技术，进行各类信息资源的自动链接和智能搜索，提升地学信息资源发现的查全率和查准率。

4.地学科研信息化环境应用

数据密集型时代下，大科学特征的现代地学研究，尤其国家生态文明建设的新要求迫切需要一个"资源丰富、功能强大、开放共享、按需服务、协同应用、稳定运行"的地学科研信息化环境的支撑。当前，应该在国家层面制定或启动"地学科研信息化环境发展规划或科技计划"，在国家科技基础条件平台或国家科技计划数据资源汇交的同时，推动地学科研信息化环境的发展。当然，必须清楚地认识到：e-Geoscience 是一个复杂的、渐进的系统工程，不可能一蹴而就，需要地学、数学、计算机等不同领域科学家和工程师的长期努力，需要深入分析科学研究对象，建立科学问题概念模型及其对应的信息流模型，并在应用中不断完善发展。

1.4 科学大数据、地球数据科学、知识图谱

1.4.1 科学大数据

随着物联网、云计算等信息技术和电子商务、社交网络等互联网应用的发展，大数据时代已经悄然来临。国际数据公司（IDC）指出：全球数据信息创建、收集和复制量正迅速增长，每两年全球的数据量将上涨一倍（Gantz and

Reinsel，2012）。大数据的出现，迅速引起政府部门、产业界、科技界的广泛关注，成为国家战略、产业投资和科学研究的热点，已经渗透到各个领域。大数据应用的层出不穷和巨大的潜力，让人们重新审视和关注数据的价值，呼吁开展数据科学的研究，呼吁数据工程师和数据科学家的出现，用以支持和促进数据产业和数据科学的发展（诸云强等，2015a）。

大数据是指无法在可容忍的时间内用传统 IT 技术和软硬件工具对其进行感知、获取、管理、处理和服务的数据集合（李国杰和程学旗，2012）。科学大数据则是与科学研究相关，反映和表征自然和社会科学现象及其关系的大数据，它既是支撑科学研究的重要基础，也是科学研究的重要产物和成果（诸云强等，2015b）。科学大数据既有一般科学数据和大数据的特征，也有其自身独有的特征。

作为科学数据，科学大数据具有一般科学数据的所有特征，包括客观性、分离性、长效性、不对称性、非排他性、可传递性、增值性等（孙九林和林海，2009）；作为大数据的一种，科学大数据具有通用大数据具有的"4V"特征，即Volume——体量浩大、Variety——模态繁多、Velocity——生成快速和 Value——价值巨大，但信息密度很低（Mattmann，2013；李国杰和程学旗，2012）。

科学大数据的独特特征表现为：高维度性、高度计算复杂性、高度不确定性和时空尺度大、分散多源异构等（郭华东，2014；郭华东等，2014）。

1）高维度性是指科学大数据反映和表征着复杂的自然和社会科学现象与关系，而这些自然现象或科学过程的外部表征一般具有高度数据相关性和多重数据属性（Abarbanel et al.，1993）。

2）高度计算复杂性是指科学大数据应用的场景大多属于非线性复杂系统，具有高度复杂的数据模型，因而科学大数据计算问题不仅仅是一个数据处理与分析的问题，还是一个复杂系统与数据共同建模及计算的问题（Rocha，1999）。

3）高度不确定性是指科学大数据的来源一般包括对自然过程的感知和科学实验数据的获取，这两种数据来源的特点决定了科学大数据普遍具有高度不确定性。

4）时空尺度大是指科学大数据由于研究对象的不同，其覆盖的时间和空间范围往往会很大，在时间尺度上包含有从瞬间的地震暴发数据到上百万年的地质演变数据，在空间尺度上包含有从单点的水质监测数据到全球范围的气候变化数据等。

5）分散多源异构是指科学大数据往往分散在从事科学研究的科研院所、高等学校的科研团队、科学家个人手中，具有不同来源、不同类型格式等特征。从数据管理和利用的视角，科学大数据具有不同的投资方式、产生方式、数据内容、数据类型、管理主体和服务定位。

在数据分类方面，按照投资方式、产生方式、数据内容、数据类型、管理主体和服务定位的不同，可以将科学大数据划分为不同类别，具体如下（诸云强等，2015b）。

1）在投资方式方面，科学大数据可以是由国家和地方财政、单位自主经费，也可以是由企业或个人经费等方式进行投资。

2）在产生方式方面，科学大数据可以是由地面观测（监测）、考察调查、对地观测、对空探测，也可以是由统计分析、实验试验、计算模拟，甚至是由互联网挖掘、志愿数据采集等方式产生。

3）在数据内容方面，科学大数据包括科学数据集、图集、志书/典籍、标本资源（样品、标本）和标准物质等内容。

4）在数据类型方面，科学大数据分为空间数据（矢量、栅格等）、非空间数据（数据库表、数值文本、统计图等）或多媒体数据（文档、图片、音频、视频等）等类型。

5）在管理主体方面，科学大数据可以是由专业机构（数据中心）、科研团队或科学家个人等不同主体管理。

6）在服务定位方面，科学大数据可以是研究型数据（研究项目产生的数据）、资源型数据（特定领域公共的数据库）或参考型数据（长期积累的基础性数据）[①]。

科学大数据的上述特征和属性，决定了科学大数据集成共享的复杂性、困难性和长期性。

1.4.2 地球数据科学

"数据科学"一词最早在 20 世纪 60 年代就已经出现。1968 年国际信息处

[①] National Science Foundation. Long-lived Digital DataCollectionsEnabling Research and Education in the 21stCentury[EB/OL]. (2005-9) [2015-10-26]. http://www.nsf.gov/pubs/2005/nsb0540/nsb0540.pdf

理联合会（IFIP）大会通过了《数据科学：数据与数据处理的科学及其在教育中的地位》报告，第一次提出了数据科学（汪小帆，2014）。2002 年国际科技数据委员会（CODATA）创办了第一份数据科学期刊 *Data Science Journal*。然而，数据科学的真正兴起主要是由于近期大数据的推动。数据科学主要有两个内涵：一是研究数据本身，研究数据的各种类型、状态、属性及变化形式和变化规律；二是为自然科学和社会科学研究提供一种新的方法，揭示自然界和人类行为现象和规律（Zhu et al.，2009；朱扬勇和熊赟，2009）。Mattmann（2013）认为，数据科学必须将专业学科与计算机学科进行深度融合，提供更多的模型、工具的共享，能够自动解决数据格式和语义的异构性。Provost 和 Fawcett（2013）认为，数据科学是一系列支持和指导从数据提取信息和知识的基础原理，适用于不同的学科和领域。赵鹏大（2014）认为，数据科学是用数据的方法研究科学和问题，获取数据知识，又根据科学和问题的需要和特点来研究和使用数据，进行数据服务。数据科学基于的是实际数据的多样性和广泛性，以及数据研究的共性问题。

在地学领域，随着全球导航定位系统（GPS）、地理信息系统（GIS）、遥感技术（RS）的大力发展，20 世纪 90 年代就提出了地球信息科学（Geo-informatics）、数字地球（digital earth）、国家空间数据基础设施（NSDI）等概念。地球信息科学（陈述彭等，1997；周成虎和鲁学军，1998；千怀遂等，2004）是研究地球系统信息的理论、方法/技术和应用等方面的学科，属于地球科学、信息科学、系统科学和非线性科学之间的交叉学科，其本质是从信息流的角度来揭示地球系统发生、发展及其演化规律。地球信息科学的理论研究主体是地球信息机理，地球信息技术是其研究手段，全球变化与区域可持续发展是其主要应用研究领域。随着物联网、云计算等技术的发展，2008 年 IBM 又提出了智慧地球的概念。智慧地球是在数字地球的基础上，通过互联网融合现实世界与数字世界，感知现实世界各种要素、现象等的状态和变化，由云计算中心进行海量数据的计算与控制，为社会发展和大众生活提供各种智能化的服务。在智慧地球时代，测绘地理信息已经从依靠光机电技术主要提供数据的小测绘，发展为依靠计算机和网络实现三维网络服务进而提供数据和信息的大测绘，并进一步发展到依靠物联网和云计算等实现的地球空间信息学（李德仁，2013，2017）。

地球数据科学是在大数据时代地球信息科学的深化和发展，它秉承地球信息科学的基础理论方法和技术体系，又被赋予大数据的特点（诸云强等，2015）。因此，地球数据科学是研究表征地球系统要素、现象、格局、过程等数据的本质特征与信息机理，数据的采集、传输、处理、存储管理、集成共享、挖掘分析、可视化与应用；研究和利用地球大数据，发现和提取隐藏在数据背后的地学规律、知识和新的科学问题，支撑全球变化等综合研究的交叉学科。

地球数据科学的主要特征体现在以下 4 个方面（诸云强等，2015b）：

1）地球数据科学包括传统地学数据和现代地学大数据的研究。由于大数据思维强调全体数据、混杂性、相关关系，而非样本数据、精确性和因果关系。因此，地球数据科学更加强调数据的整体性、多源性和相关性，关注地学大数据整体规律的挖掘分析。

2）不同于一般的商业大数据、互联网大数据和社会大数据，地球数据具有科学大数据"3H"的特征（郭华东等，2014），即高维（high dimension）、高度计算复杂性（high complexity）、高度不确定性（high uncertainty），并具有明显的时空特征和内容的不可重复性等特征。因此，地球数据科学又不同于一般的数据科学，需要以地学专业知识为基础，认知地球数据的机理和规律。对地学专业数据往往需要进行不确定性分析和误差控制处理等。

3）地球数据科学需要紧密与高速互联网、移动通信、物联网、分布式存储与计算、云服务等新一代计算机基础设施和技术结合，才能高效完成对地球大数据的处理与挖掘分析。

4）地球数据科学将极大促进地球科学研究从模型驱动到数据驱动的转变。通过对大数据的挖掘和分析，获得过去科研方法（观察试验、理论推导、模拟计算等）所发现不了的新知识和新规律，可以反过来进一步优化地球系统模拟模型，有效支撑地学科技创新研究。

现代地球科学是典型的数据密集型科学。大数据时代的到来，必须重新审视地球科学数据的价值及其数据处理分析的思维和方法，呼吁尽早开展地球数据科学研究，以便更好地认知和挖掘地球数据背后隐藏的规律和知识，高效利用这些数据资源。

1.4.3　知识图谱

知识图谱（knowledge graph），又称为科学知识图谱，是显示科学知识的发展进程和结构关系的一种图形。随着计算机技术、信息技术以及可视化等技术的发展，知识图谱的理论和技术也得到了空前的发展，并且已被广泛应用于信息检索、社交网络、电子商务、物流以及风险控制等众多领域。知识图谱为总结、归纳和组织领域知识，揭示知识与知识间的联系以及对知识进行直观表达和展示提供了强有力的工具，也为地学数据和知识的分类、组织、可视化与共享提供了很好的解决思路。

知识图谱于 2012 年 5 月由谷歌正式提出，用于提高搜索引擎能力，增强用户的搜索体验和质量的图形知识库，其本质上是一个揭示现实世界中存在的实体或概念及其相互间关系的语义网络。知识图谱通常可用三元组进行表示，即 $G=(E, R, S)$，其中 $E=\{e_1, e_2, \cdots, e_n\}$ 是 n 个不同实体的集合；$R=\{r_1, r_2, \cdots, r_n\}$ 是 n 种不同关系的集合；S 则代表知识图谱中的三元组集合，三元组的基本形式是"实体-关系-实体"或"实体-属性-属性值"等。实体是知识图谱中的最基本要素，通常指现实世界中具有可区别性且独立存在的某种事物，如某一个人、某一个城市、某一种植物等；属性是实体或概念所具有的特性或特征，如某个学生的年龄、年级、性别等；属性值则是对属性特征的一种定量描述，如 J6 经纬仪（实体）的精度（属性）是 6 秒（属性值）；关系则是用于连接不同实体或概念，并刻画它们之间的相互作用及其关联程度的一个要素。

近年来，随着语义网技术的快速发展，大量 RDF（resource description framework，资源描述框架）数据资源被发布与共享以及 linked open data 等项目的全面开展，知识图谱也随之越来越被学术界和工业界所重视，国内外学者与研究机构花费了大量时间和精力构建各种结构化的大规模知识图谱，并用于智能搜索、智能问答、个性化推荐以及可视化分析等领域。较为知名的大规模知识图谱有 Freebase、Konwledge Vault、Dbpedia、Wikidata、Walframm Alpha、Bing Satori、YAGO、Facebook Social Graph、知立方、ImageNet 等多种。

知识图谱从逻辑上可分为两个层次：数据层、模式层。在数据层中，知识是以事实作为单元存储在图形数据库中，图形数据库中主要包含"实体-关系-实体"与"实体-属性-属性值"两种三元组，所有的数据融合成一个庞大的涵盖实体和关系的语义网络。模式层处于数据层之上，是知识图谱的核心，其存储的是经过提炼的知识，通常采用本体库来管理知识图谱的模式层。本体是概念模型的明确形式化规范说明，其内涵可从概念模型、形式化、明确、共享等四个方面进行理解，其中概念模型是描述现实世界中某些现象或过程所得到的模型；形式化指本体是计算机可以读取和处理的；明确是本体中所包含的概念是明确的、无歧义的；共享指本体中包含的是领域内共同认可的知识，即概念术语及其概念间的关系是公认的。本体库在知识图谱中是以结构化知识的概念模板的形式存在，以本体库构建出的知识库不仅结构层次强，而且冗余程度也相对较低。

知识图谱的构建通常从最原始的数据（包括结构化、半结构化、非结构化数据）出发，采用一系列自动或者半自动的技术手段，从原始数据库和第三方数据库中提取知识事实，并将其存入知识库的数据层和模式层，主要包含：信息抽取、知识表示、知识融合、知识推理 4 个过程，每一次更新迭代均包含这4 个过程。知识图谱主要有自顶向下与自底向上两种构建方式。自顶向下指的是先为知识图谱定义好本体与数据模式，再将实体加入到知识库。该构建方式需要利用一些现有的结构化知识库作为其基础知识库，例如 Freebase 项目就是采用这种方式，它的绝大部分数据是从维基百科中得到的。自底向上指的是从一些开放链接数据中提取出实体，选择其中置信度较高的实体加入到知识库中，再构建顶层的本体模式。目前，大多数知识图谱均采用自底向上的方式进行构建，其中最典型就是 Google 的 Knowledge Vault 知识图谱和微软的 Satori知识图谱。

1.5　地理空间数据本体的提出与意义

如前所述，地学数据共享已经朝向志愿数据共享、数据出版、智能数据发现、数据关联以及在线软件工具、计算模型共享的方向发展。大数据时代到来后，需要通过地学数据科学从整体上推动数据共享、地学信息化科研环境的研究与发展，而知识图谱正在成为地学数据、知识分类组织、可视化与共享发现的新工具。

由于地学数据本身具有的多源、分散、异构等特点，地学数据集成、建库、智能发现、关联、共享访问和主动推荐等，需要解决的一个基本问题就是数据的异构性。地学数据异构主要表现在：数据采集方式方法、时空范围、时空基准、时空粒度/频度、属性字段语义、属性值分类编码、属性数值单位、数据类型格式、存储方式等等。为了解决数据异构问题，必须采用共识的术语概念去描述表达上述各个环节，使其对数据采集方式方法、时空范围、时空基准、时空粒度/频度、属性字段语义、属性值分类编码、属性数值单位、数据类型格式、存储方式等有一个统一的知识基础，如此才能准确地实现多源、异构地学数据的集成、转换、处理和使用，才能建立数据之间的有效关联和知识图谱，才能推进地学信息化科研环境、地学数据科学的发展。

本体是共享概念模型的明确的形式化规范说明（Studer et al.，1998），能够明确定义领域知识的概念以及概念之间的相互关系（崔巍，2004；刘纪平等，2011），为领域内部不同主体（人、机器、软件系统）之间开展基于语义的交流对话、信息共享和互操作提供语义基础（Gruninger and Lee，2002）。因此，解决地学数据异构问题，就必须开展地学数据本体的研究，构建形成较为完善的地学数据本体。由于地理空间数据是地学数据框架性、基础性的数据，具有地学数据典型的时空属性三要素特征，因此，从地理空间数据本体入手，系统阐述地理空间数据本体的概念、内涵、构建技术体系，研究构建地学数据本体共性的时间、空间、来源、形态等本体，为全面开展地学数据本体的构建奠定基础（地学数据本体需要在地理空间数据本体的基础上，进一步拓展各学科领域的应用本体）。

开展地理空间数据本体研究工作的重要意义主要有以下方面：

1）系统阐述地理空间数据本体的理念方法及其构建技术体系，为全面推进地学数据本体的研究提供示范借鉴作用。当前，国内外已经开展了大量的地理本体相关的研究与应用工作（具体进展参见本书 1.6 节），但是仍然缺乏以数据为对象，数据共享利用为目标的数据本体的相关研究。下文将系统阐述地理空间数据本体的理念、概念体系、本体关系，构建关键技术及其应用示范，对于全面推进地学数据本体的研究构建具有重要意义。

2）地理空间数据本体是多源异构数据分类集成与建库的基础。不同的地学数据资源在数据采集方式方法、时空范围、时空基准、时空粒度/频度、属性字段语义、属性值分类编码、属性数值单位、数据类型格式、存储方式等方面存在明显的差异，导致数据资源分类集成和建库存在很大的障碍。基于地理空间数据本体，不同的数据资源，可以采用统一的语义标准，对数据的时间、空间、来源、形态等进行显式的规范化表达，通过本体映射和对齐等技术，可以有效解决由于语义异构导致的数据分类集成与建库中的问题。

3）地理空间数据本体将有效支撑地学数据的智能查询与发现。当前地学数据资源的查询发现主要基于关键词匹配的方法进行。由于关键词描述不到位，缺乏语义的关联推理，普遍存在"查不全、查不准"的问题。如通过关键词查询"京津冀土地利用数据"，由于缺乏空间的推理，就难以将"河北省土地覆盖数据"返回给用户。为此，必须利用地理空间数据本体，对用户查询需求进行必要的语义推理（如上例中河北在空间上是京津冀的组成部分，土地覆盖语义上相似于土地利用等），就能够有效提升地学数据的查询发现效率。

4）地理空间数据本体是关联数据与知识图谱构建的语义桥梁。关联数据必须遵循 4 个原则[①]：①使用 URI（uniform resource identifier，统一资源标识符）作为任何事物的标识；②使用 HTTP URI 使得任何人都可以访问这些标识；③当有人访问某个标识时，使用 RDF 标准提供有用的信息；④尽可能提供相关的 URI，以使人们可以发现更多的事物，为关联数据发布奠定了理论基础。知识图谱的构建也需要 4 个过程：信息抽取、知识表示、知识融合、知识推理。由此可见，统一的语义表达及关系关联是关联数据和知识图谱构建的关键。地理空间数据本体能够提供统一的数据时间、空间、主题、来源、形态等的语义及其关系表达，将为关联数据与知识图谱的构建提供统一的语义基础。

5）地理空间数据本体将有力推进地学科研信息化环境的建设。地学科研信息化环境的目标是为地学研究人员提供面向应用问题研究的"一站式"信息化支撑协同环境，其核心是地学科技资源的一体化共享，包括地学数据资源、文献资源、模型方法、计算资源等的共享。一体化共享就需要在语义本体的支撑下，对各类资源进行精准的匹配计算与关联，进行智能的查询发现与推荐；协同研究同样需要利用语义本体的支撑，进行不同区域、不同时间，研究人员

---

① 参考 Tim Berners-Lee. 2009. Linked Data. http://www.w3.org/DesignIssues/Linked Data.html [2019-2-1]

的协同工作、研讨与资源分享等。

6）地理空间数据本体将促进地学数据科学的发展。地学数据科学不仅研究地学大数据本身的语义机理、采集传输、集成融合的技术方法，还需要研究数据可视化、挖掘利用与规律发现等。数据语义是数据转换处理、集成融合、挖掘利用的基础，只有充分利用语义的关联推理，才能更好地挖掘数据背后隐藏的规律和知识，支撑全球环境变化、可持续发展等跨区域、综合交叉问题的研究。因此，地理空间数据本体是地学数据科学研究内容的重要组成部分，是开展数据科学其他问题研究的基础。

1.6　国内外地理本体相关研究进展

1.6.1　地理本体概念模型研究进展

地理本体一经提出便引起国内外学者的广泛关注，但学者们对地理本体的理解并不一致。Fonseca 等（2003）认为，集成地理信息首先需要形式化定义现实世界的概念模型，而且为了能够在不同的学术共同体内部获得基本的一致，这些概念需要依据学术共同体的不同而分类。孙敏等（2004）认为，地理本体论是研究地理信息科学领域内不同层次和不同应用方向上的地理空间信息概念的详细内涵和层次关系，并给出概念的语义标识。黄茂军（2005）认为，地理本体涵盖了哲学本体、信息本体以及空间本体 3 个层面等。陈建军等（2006）认为，地理本体就是把地理科学领域的知识、信息和数据抽象成一个个具有共识的对象，并按照一定的关系而组成的体系，最后以形式化的方式进行表达。

尽管到现在还没有一个统一的地理本体定义，但分析可以看出地理本体的实质就是对地理科学领域达成共识的概念及其相互间关系的形式化表达，地理本体具有明显的时空特征。

Smith 和 David（1998）认为，地理对象是存在于特定比例尺下的地球表面空间中，地理本体理论必须包含整体-部分理论和拓扑理论，地理分类必须考虑地理对象的几何特性和空间维数。Kavouras 领导的地理本体研究小组

OntoGeo 对地理学的概念理论、地理类别、概念映射、本体的模糊性、时空建模、相似性和粒度等进行了深入的研究（Kavouras and Kokla，2002）。杜清运（2001）认为，空间信息的语义特征可以通过物质、形态、大小、功能和等级等方面进行定义。黄茂军（2005）对地理本体的概念和逻辑结构等进行了研究，认为地理本体不仅具有一般的属性特征，而且具有重要的空间特征，将地理本体的逻辑结构分为宏观和微观两个层次：地理本体的宏观结构可以表示为{概念、属性、个体}三元组，微观结构可以表示为{概念、语义关系、层次关系、属性、属性限制、属性特征、个体}七元组。李淑霞和谭建成（2007）研究认为，与人的概念系统和认知分类体系相对应，本体概念的内涵也是通过属性来描述的。

总体来讲，地理对象存在于特定的时空范围，地理本体需要按一定的体系结构通过一系列的属性对地理概念及其相互间的关系进行描述。

1.6.2　地理本体构建方法研究进展

Gruber（1995）提出了构建本体的 5 条原则：清晰性、一致性、可扩展性、编码偏好程度最小、本体承诺最小。宏观的本体开发模式和方法有很多，其中代表性的有两种。①骨架法（Uschold et al.，1996），认为建立本体包括 4 个主要步骤：明确目的和范围、建立本体、本体评价和形成文档。②企业建模法（Gruninger and Fox，1995），认为本体的开发有 6 个主要步骤：应用场景激发、非形式化能力问题、术语形式化、形式化能力问题、形式化公理和对本体完备性进行评价。崔巍（2004）提出使用领域专家和数据挖掘相结合的混合方法半自动构造地理本体。

相对于本体宏观构建原则和流程的研究，很多学者利用叙词表、语义词典、自然语言处理技术等开展了本体具体构建方法的研究。常春（2004）分析了叙词表与本体论的不同，认为从叙词转化过来的本体论，还需要对使用的词汇进行删减，对间关系、语义含义进行重新修订和增补，基于中国农业叙词表初步构建了食物安全本体。贾君枝（2007）在《汉语主题词表》转换为本体的研究中指出，在叙词表向本体转换过程中应对叙词及其存在关系进行明确的界定，需要进行数据的清洗和语义关系的调整。据研究，目前已有十多种叙词表被转换为本体，但《地理科学叙词表》自 1995 年出版以来，至今没有更新过，在地理本体的相关研究中也没有得到重复利用。OntoLearn 是罗马大学开发的一个基于文本的本体学习工具，它选择 WordNet 作为通用本体，使用 WordNet 中的概念对获取的术语进行语义解释（Navigli and Velardi，2004）。Kuhn（2001）提出使用自然语言处理技术自动从文本中获取本体。刘柏嵩和高济（2005）等提出了面向知识网格的本体学习研究方法，即从 Web 文档中自动获取领域术语及其关系。董慧和余传明（2005）等提出了一种中文本体的自动获取与评估算法，将中文领域本体的提取划分为文本预处理，本体抽取和本体关系获取 3 个阶段。张新（2006）开展了基于中文科技论文的本体交互式构建方法的研究等。

分析表明，国内外已经开展了基于叙词表、语义词典和网络文本信息构建本体的研究，但大部分研究工作只是利用单一信息，没有综合利用这些信息各自的优势。

1.6.3　地理本体库构建研究进展

国外对于地理本体库的研究比较早，已经形成了几个比较成体系的地理空间本体库，并且还开展了大量的应用研究。目前国外比较成熟的地理本体库主要有词汇语义网（WordNet）、地理数据库（GeoNames）、地球与环境术语语义网（Semantic Web for Earth and Environmental Terminology，SWEET）等。

WordNet（http://wordnet.princeton.edu/）是由美国普林斯顿大学建立的一个按照词义组织的在线英文词典数据库系统，它将词汇组织成为一个同义词集合，并建立不同集合之间的反义关系、近似关系、上下位关系、整体部分关系、蕴含关系、因果关系等，名词、动词、形容词等不同词性的词汇各自形成一个词汇语义网络。GeoNames（http://www.geonames.org/）是一个开放式的地理信息（地名）数据库，包含了超过 900 万个地点的 200 多种语言的 1000 万个地名和 550 万个别名，GeoNames 中包含了地点的地理坐标、行政区划、邮政编码、人口、语言、海拔和时区等 9 个大类 645 个子类的信息。利用 GeoNames 能够解决这个地方在哪儿、它的坐标是多少、它属于哪个地区或哪个省、有哪些城市或地址靠近这个给定的经纬度等问题。GeoNames 目前每天的 Web 服务请求次数已经多达 150 万。SWEET（http://bioportal.bioontology.org/ontologies/

SWEET）是一套由美国国家航空航天局（National Aeronautics and Space Administration，NASA）支持构建的地球与环境科学领域的本体库。目前最新的 SWEET（2.3 版本）将地球科学领域的概念分为现象、过程、表示、物质、领域、人类活动、属性、状态和关系 9 个大类，通过 226 个本体文件描述了超过 6000 个概念及其关系。

国内研究人员也对地理本体库开展了相关研究，但大部分是针对某一特定领域所形成的本体库，即地理专题领域本体库，例如地名本体、陆地水系本体、植被与土质应用本体等。

国内学者通过地名知识统一表达模型(TKURM)框架进行地名本体建模，认为地名本体由地名要素类型、地名类型模型、几何形态模型、空间关系模型和时态模型组成，设计构建了地名本体服务系统（李文娟，2010；李宏伟等，2012；马雷雷，2012）。研究人员通过形式本体的概念化表达，采用属性枚举的方法将相应领域的概念、概念属性明确抽取出来以形成较为完整的地理领域本体概念体系，从基本概念、子概念、基本概念属性、复合概念本体属性以及与基本概念之间的关系五大方面进行概念语义化表述，并在此基础上构建完成了陆地水系要素本体、深圳市住宿业本体、植被与土质本体等（李霖等，2008；普帆等，2011；吴超等，2014）。疏兴旺（2012）等利用地理概念、地理属性、地理关系、地理实例和规则五元组模型进行本体建模，开展了皖江岸线地理领域本体构建。李厚银等（2015）等利用概念、关系、概念间关系、属性、属性限制、属性特征和实例七元组模型进行本体建模，构建了土地利用信息本体库。整个本体库由三部分内容组成，即类型本体（土地利用现状类/建设用地空间管制分区类/土地整治规划分区类等）、实例类本体（几何实例类/属性实例类/概念实例类）和空间关系描述本体（拓扑关系/方向关系/度量关系）。段磊（2016）利用概念集、关系集、实例集合和公理集四元组模型构建了一个乡村居民地本体库。本体库中的概念包括乡村居民地/地理单元（房舍、街巷等），关系包括拓扑关系、方向关系和距离关系，属性包括房舍密度/面积/形状/人口等。

此外，为了对地学对象演变过程和区域类型进行综合研究，探讨区域单元的形成和发展、分异组合、划分合并和相互联系，国内研究者也开展了区域领域本体的研究工作，但大部分是对中国行政区划本体的相关研究，如杜萍

（2011）等构建的中国行政区划本体、中国行政区划地名本体等。

1.6.4 地理本体应用研究进展

地理本体应用研究主要集中在地理信息分类编码、地理信息查询检索、异构空间数据集成与共享等方面。

在地理信息分类编码方面，何建邦等（2003）认为地理信息分类时利用地理本体中类与类之间的关系，可以解决分类编码体系动态关系的建立和知识的实时更新。李霖和王红（2006）开展了基于形式化本体的基础地理信息分类研究，从本体概念出发将地理信息概念分为元概念和复合概念。Enas 和 Hassanein（2014）以地理动机（geographic motivation）和实用性（practicability）为准则设计尼罗河的概念体系。其中地理动机是指确定中心类"河流"，其他所有子类均为此类服务；实用性是指子类的划分要以实用为基准，层次的划分依据应该是不言而喻的。在此基础上确定的尼罗河概念类别主要包括地理区域（城市、乡村、生态区等）、河流（支流、干流）、流入流出点（瀑布、湖泊、三角洲、海洋和高原）、人工设施（大坝、桥梁）和地理数据；同时对尼罗河相关要素之间的关系、属性和属性约束也进行了相应表达。为了进行土地适宜性分析，Al-Ageili 和 Mouhoub（2015）开发了一套基于本体的信息抽取系统，其构建的土地利用本体是这个系统的核心内容。此本体将加拿大萨斯喀彻温省作为研究区域，把区域内土地利用类型、土地之间的空间关系、土地属性和土地属性约束阐述清楚，从而形成了较为完整的土地利用本体。

在地理信息查询检索方面，虞为等（2007）建立了一个基于本体的地理信息查询系统，实现了对地理实体中语义关系的查询。王艳东等（2007）提出了一个本体支持下的空间信息查询框架，在保证语义一致性的前提下查询、获取不同来源的空间数据。Lutz（2007）研究设计了一种利用本体的地理信息服务发现方法。郭庆胜等（2006）开展了基于地理本体的空间推理和路径查询研究。李宏伟（2007）利用地理领域本体和语义相似度的方法解决了地理信息 Web 服务匹配和发现问题。Vandecasteele 和 Napoli（2012）通过将空间本体与地理推理引擎联系起来，构建出一个用于海事预警的空间本体。其本体所涉及的内容主要包括 4 个部分：船（包括船只类型、航线、港口码头等），预警信息（包括限行海域、海岸线、船安全区等），背景知识（船的国籍、气候、海域名称和关系等）和信息阐释（根据预警信息和背景知识做出的判断），同时对其涉及的空间关系也进行了表达。

在异构空间数据集成与共享方面，Hart 和 Greenwood（2003）提出了一种基于地理本体和地学数据模型的方法促成地学数据共享的方法。王敬贵（2005）提出了基于地理本体的空间数据集成框架及其具体的实现方法，同时开展了基于地理本体的空间数据分级分类显示和智能化查询的研究等。吴孟泉（2007）开展了基于本体的异构空间数据的集成研究。崔巍等（2004）提出一种基于本体的地理信息系统集成结构，大大提高了分布异构的地理信息系统间的语义互操作能力。Bellini 等（2014）为解决智能城市建设中数据来源众多但分发共享困难的问题而构建的智能城市本体；Luc 和 Bielecka（2015）为解决波兰土地利用数据时间跨度大、空间尺度不一致的问题而构建的波兰土地利用本体等。

综上，地理本体的应用研究发展迅速，但以数据为对象，以数据集成共享与利用为目标的数据本体研究还很缺乏。作为地学数据基础框架的地理空间数据，具有地学数据资源的典型特征，应以地理空间数据本体为例，尽快开展地学数据本体概念体系、语义关系及其构建技术方法、流程步骤的研究分析，构建较为完善的地理空间数据本体库，为全面开展地学数据本体研究构建，支持地学数据的分类集成、转换处理、交换共享和挖掘利用提供语义基础。

第2章　地理空间数据及其主要特征

2.1　地理空间数据概述

2.1.1　地理空间数据的定义

地理空间数据是与地球参考空间位置有关、表达与地理客观世界中各种实体和过程状态属性的数据，是人类对地理空间世界正确认知的反映，是人类从事与地理空间相关活动而获取和产生的数据，主要包括大气圈、陆地表层、陆地水圈、自然资源、冰冻圈、海洋、极地、固体地球与古环境、日地空间环境与天文、遥感等多种类型的数据。

近年来，随着对地观测、地球深部、表层系统、空间环境探测系统、物联网、Web2.0 等技术的发展以及自发地理信息、公共参与地理信息等新的地理信息生产和传播共享理念的出现，全面推动了地理空间数据采集获取与分发共享等方面的发展，使得地理空间数据的存量与日俱增且呈爆炸式的趋势。

海量的数据资源给科学研究和应用带来了便利，但同时对数据的关联、发现和共享带来了较大的困难，例如多源、分散、异构往往导致数据难以自动关联，从海量地理空间数据中高效、准确地获取与研究主题密切相关的数据日益困难，数据的静态共享极大影响了数据共享的效率和水平，急迫需要通过在线模型计算和工具软件，实现动态的数据共享。

地理空间数据的生成往往伴随着复杂的地理科学过程，所以地理空间数据通常以多种形式存在且带有复杂的语义异构现象，这是实现地理空间领域自动关联、智能发现和动态共享的主要障碍，因此，必须借助地理空间数据本体，从地理空间数据语义的角度加以研究解决。

2.1.2 地理空间数据的生命周期

从地理空间产生到应用的过程来看，地理空间数据具有一套完整的生命周期（图 2-1），主要包括 6 个阶段：观测采集、生产加工、管理分发、查询获取、数据利用和挖掘分析（廖顺宝，2010）。

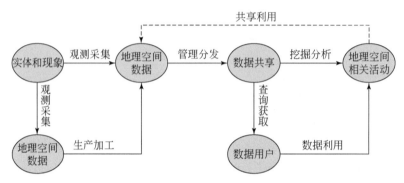

图 2-1　地理空间数据的生命周期

1）地理空间数据观测采集，是指采用一定的技术、手段和方法（即数据来源渠道），获得表达地理空间对象（实体）或现象某些特征的数据。地理空间数据的来源渠道很多，主要有观测、探测、调查、考察、遥感、GPS、实验、试验、统计、钻探、勘测等。

2）地理空间数据生产加工，包括数据预处理和数据产品加工。数据预处理主要是把各种格式、比例尺、分辨率的原始资料通过编辑、转换形成能够用于下一步处理的数据；数据产品加工是采用一定的技术、方法、工具将已有的数据处理为新的数据，例如属性数据空间化、矢量数据栅格化、专题图制作等。

3）地理空间数据管理分发，包括数据管理和数据分发两个方面，数据管理是指利用现代信息技术体系对地理空间数据进行有效管理的方法和技术体系，包括数据目录、元数据、数据文档、数据实体的管理、相关技术平台以及数据质量控制；数据分发是实现数据价值和增值的重要途径，主要体现为数据共享。

4）地理空间数据查询获取，是指从数据管理分发端查询需要的数据并获取数据。查询的方式有基于字符的查询、基于语义的查询、基于空间的查询等，获取的方式包括在线获取、离线获取和定制获取。

5）地理空间数据的利用，是指将获得的地理空间数据直接用于具体科研、生产、生活和管理等地理空间活动当中。地理空间数据的利用往往与数据查询、分析联系在一起，例如将地图数据用于路径导航、将地质数据用于矿产勘探。

6）地理空间数据挖掘分析，是指利用一定的模型、算法、仪器等，从已有的地理空间数据中发现新的有用的知识（知识的载体仍然为地理空间数据）。挖掘分析的主要类型有空间关联挖掘分析、空间特异性分析等。

2.1.3 地理空间数据的特征体系

地理空间数据在其生命周期中逐步形成了一系列的特征（图 2-2），概括起来可以划分为四大特征：本质特征、形态特征、来源特征、其他特征。其中，本质特征包括时间特征、空间特征、要素特征，本质特征是唯一表征地理空间数据本质内涵的属性，不同数据资源的本质特征不同。

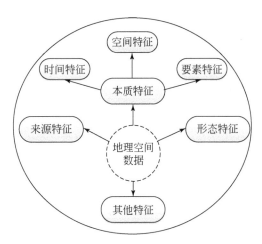

图 2-2 地理空间数据的特征体系

2.2 地理空间数据的时间特征

地理空间数据的元数据、数据集、数据项等在数据采集、处理、更新、存储、共享分发等过程中都包含了丰富的时间信息，可从 3 个不同角度对地理空间数据的时间特征进行理解。

1）从时间内容的角度，地学数据主要有 3 种类型时间。一是事件时间（有效时间），指现象或事件在现实中发生或存在的时间；二是入库时间（事务时间），指事件在数据库中被记录、更新、删除的时间；三是记录时间，指现象或事件被观测、采集形成数据记录的时间或数据集的时间范围。

举例来讲，古生物胡氏耀龙（*Epidexipteryx hui*）的记录时间是其被发现的时间（如 2006 年），而其事件时间为其生存时的时间，即侏罗纪中晚期。如果其数据被录入数据库系统，则还会有入库时间存在。

为便于后续表述和理解，将前文所述的地理空间数据的本质特征所包括的时间特征限定为事件时间，暂不含入库数据和记录时间。

2）从时间基准的角度，同一地理空间数据的时间，根据时间基准的不同，可以用公历、农历、节气、年号、干支等历法与纪年来表示，或采用地质时间（如寒武纪）和天文时间（如恒星年、真太阳时）、物理时间（如原子时）等类型来表示。

举例来讲，"（嘉靖）三十四年十二月壬寅，山西、陕西、河南同时地震，声如雷"采用年号、干支等传统时间记录了公元 1556 年 1 月 23 日的嘉靖大地震。

3）从时间状态的角度，按照所描述的地学现象或过程与当前时间的关系，数据还具有已完成（如历史时期环境变化）、正在进行、将要发生（如灾害预报）等多种时间状态。

此外，地理空间数据的时间特征具有多尺度性、凹凸性、波动性、方向性和多标度性、不确定性等特点。

1）时间多尺度性是指数据表示的时间周期及数据形成周期有不同的长短（李军和周成虎，1999）。地理空间现象的时间周期有瞬时、超短期、短期、中期、长期、超长期等，相应地，数据的时间尺度可分为瞬时尺度（秒级）、小时尺度、日尺度、季节/季度尺度、年尺度、时段尺度、人类历史尺度和地质历史尺度等（李军和周成虎，1999）。

2）时间的凹凸性指时间的连续性和离散性（Zhou and Fikes，2002）。持续发生的地理空间过程和现象，如生物的进化等，具有凸时间序列；非连续现象，如间歇泉、时令河等的时间序列是凹的或离散的。

3）时间波动性的特征是现象的发生具有重复性，存在一定的频率，因此也称频度时间。频率或间隔较为固定的称周期性。例如，过去 2000 年中国气候经历了 4 个温暖期和 3 个寒冷期的波动。这其中温度变化存在千年周期、百年周期以及多个年代际周期（葛全胜等，2012）。

4）时间是一维的，因此时间具有两种方向，即正向与负向。负向或前向时间指对历史时期现象的研究；正向或后向时间指对事物未来发展的预测。时间方向是相对时间原点（参考点）确定的。常用的时间原点有公元元年和用于考古、地层学等研究的距今时间（before present，简称 BP）和当前时间。

5）时间的相对性指数据记录的时间是现象发生的时间先后次序，而非在时间轴上的绝对位置。相对时间方法在地层分析和考古发掘中经常被采用。

6）时间多标度性指同一时间量可用不同尺度的时间来描述，例如 1 年也可表示为 12 个月或 365 天。引入时间粒度概念是解决多标度性问题的方法。时间粒度指用年、月、日等不同时间单位来表示的时间量度的精确程度。具体时间粒度的选取取决于测年方法的精度、时态数据的用途等。

7）时间的不确定性指事件在时间轴上的具体时间位置或范围无法准确确定的程度。例如，即使在最新的地层表中，也仍有不少的地质年代时间界线没有准确确定。又如，虽然同位素测年法可以获得较为精确的时间，但仍存在一定的误差。

2.3　地理空间数据的空间特征

从现实世界到地理概念世界，再到地理空间世界（数字世界），人类对地理领域的认知过程是地理信息不断抽象和概括的过程（图 2-3）。地理空间数据正是这些信息的载体，用来刻画空间尺度上的地理信息，是地理数据的重要组成部分之一。地理空间数据的内容主要包括两部分：一是对地理对象或现象本身的描述；二是地理空间世界中对地理对象进行表达所需要的规范和数学基准。

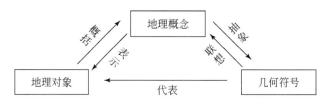

图 2-3 现实世界向空间世界的转化过程

从地理对象或现象的角度出发，人们对于这些对象或现象的认识主要是基于其外在属性，例如地理对象的大小、形状、空间大致位置等，地理空间数据通过一些定性的表述来说明这些信息。地理概念表达的则是地理事物、地理现象或地理演变过程的本质属性，是认识各种地理事物的基础、区分不同地理事物的依据，主要包括地理术语等基本单元（例如当需要土地资源的相关数据时，必须提前准备"耕地""建设用地""林地"等相关概念），是地理空间数据的重要内容。

为了将现实世界的地理对象或现象转变成能在计算机或者图纸上直接进行处理的几何符号，并且能够以统一的标准规范在几何符号之间进行定性或定量的分析以反映现实世界相应对象的状况，需要在现实世界和数字世界之间建立一定的数学基准。这些数学基准主要包括地图投影、参考椭球、坐标系统、高程系统、维度系统和比例尺等。

根据地理对象空间特征的不同，在不同的空间尺度下，用几何概念对地理对象做出抽象表述，一般将其分为点对象（如居民点、交通枢纽、港口等）、线对象（如道路、河流、管线等）、面对象（如湖泊、自然保护区、行政区等）和体对象（如建筑模型、桥梁的三维结构等）。

描述几何符号之间关系的信息则主要体现在地理空间数据的空间特征和非空间特征。其中空间特征是指通过一系列空间坐标来对空间实体进行定位，是地理空间数据区别于其他数据最明显的基本特征。此外空间特征还包括空间实体的形状、大小、空间发展规律等自身的几何特性以及用来描述空间实体之间联系的空间关系。非空间特征主要是对空间实体相应属性及行为状态进行语义描述，包括空间实体的结构、组成成分、构造方式、分类依据等，例如"湖泊类型""湖泊面积""湖泊平均深度"等。

2.4 地理空间数据的要素特征

在客观世界中存在着许多复杂的地物、现象和事件。它们可能是有形的，如山脉、水系河道、水利设施、土木建筑、港口海岸、道路网系、城市分布、资源分布等；也可能是无形的，如气压分布、流域污染程度、环境变迁、行政区划等。对地球表面上一定时间内分布的复杂地物、现象和事件的空间位置以及它们相互的空间关系进行抽象简化表达的结果，称为地理要素。地理空间数据的要素特征是指地理空间数据表达的空间对象或现象的专题特征，即地理要素特性，它表明空间对象的归类、内容及物理、化学特征等信息。从内容的角度，地理空间数据的要素特征可分为自然地理要素和人文地理要素。

1）自然地理要素。自然地理要素是指涵盖制图区域的地理景观和自然条件，如地质、地球物理、地形、地貌、水文、江湖、海洋、气象、气候、土质、土壤、植被、动物、自然灾害现象等。自然地理要素相对稳定，变化较小，它的种类和数量的多少优劣，是衡量该区域开发前景的一个重要因素。

2）社会经济要素。社会经济要素（或称人文地理要素）是指由人类活动所形成的经济、文化，以及与之相关的各种社会现象，如居民地、交通网、行政境界线、人口、历史、文化、政治、军事、企事业单位、工农业产值、商务、贸易、通信、电力、环境污染、环境保护、疾病与防治、旅游设施等。社会经济要素的状况深刻地反映了该区域的发展水平和社会文明的程度。

2.5 地理空间数据的形态特征

地理空间数据的形态特征表现为数据的外在形式和附加特征，描述地理空间数据的结构、格式、存储、基准等内容。

根据数据资源的生产流程，形态特征包括：数据采集过程确定的比例尺、精度和尺度等；数据表达及可视化过程涉及的地图符号系统、数据基准、数据单位、数据语言和字符编码等；数据组织过程确定的数据类型和数据结构；数据存储过程确定的数据格式和存储介质。根据上述特征是否能够直接清晰显现和表征，可将其分为外部形态特征和内部形态特征两类（表 2-1）。

表 2-1　地理空间数据形态特征分类

特征类别	主要特征
内部形态特征	比例尺、精度、尺度、数据基准、数据类型、数据结构、字符编码
外部形态特征	数据语言、数据格式、存储介质、数据单位、地图符号系统、数据量

对部分内部形态特征和外部形态特征的具体说明如下。

1）数据类型是指数据文件的类别，而不是程序设计中变量的数据类型（如字符型、数值型）。数据类型主要包括：空间数据和非空间数据。空间数据包括矢量和栅格类型，非空间数据包括表格、文本、图片、多媒体等类型。

2）数据结构一般来讲指数据的组织形式，它描述数据集合中结点与结点间的联系，是一种非数值类的运算，主要包括串、向量、数组、线性表、链表、队列、栈、树、图等（辞海编辑委员会，2007）。数据结构这里特指地理空间数据的数据结构，即用于在计算机中表示地理信息的数据组织方式（王晓理，2010）。

3）数据格式是指数据在文件中的编排格式。数据格式一般狭义理解为扩展名，包括.jpg、.pdf、.doc 等，不同的扩展名对应不同的格式、不同的数据编排方式。

4）存储介质即为存储数据的载体或设备，包括 U 盘、磁盘、光盘等。

内部形态特征和外部形态特征有着密不可分的关系，例如比例尺决定地图符号系统，同样的地物在不同比例尺的地图上，其地图符号是不同的；又如数据格式表征数据结构，数据的格式为 shapefile，则表明其数据结构应是矢量数据结构。

2.6　地理空间数据的来源特征

地理空间数据的来源有多种理解，例如在数据库领域内，数据来源是一系列数据的出处及数据从产生到最终进入数据库进行存储所经历的过程；在科学工作流的研究中，数据来源是对数据生产的工作流操作、处理步骤的记录；在 Web 环境下，"数据来源"是与 Web 数据资源密切相关的活动、机构团体等重要信息。

从地理空间数据的完整生命周期来考虑，数据资源要经历从数据采集、加工、管理到分发利用等数据活动，涉及该过程所采用的工具、方法、模型软件和所有参与数据活动的责任人、责任机构。因此，地理空间数据来源特征模型如图 2-4 所示。

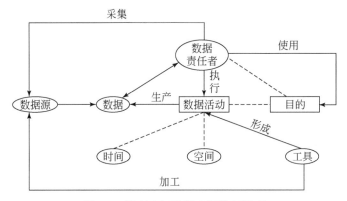

图 2-4 地理空间数据来源特征模型

1）数据活动是指在数据生产时所有对地理空间数据造成影响的现象、过程及动作。数据活动是来源模型的核心，是对数据生成过程的完整概括，数据活动中涉及的任意一项操作都与数据产品的最终精度和质量密切相关。

2）责任者是数据采集、加工、分发、管理等数据活动过程中动作的执行者，是参与数据活动的机构和个人。他们在数据活动中担任不同的角色，有着不同的分工，并共同完成某一项特定任务，并针对自身所执行的功能承担其相应责任。

3）时间是指与数据活动密切相关的时态信息，具体包括数据采集、分发、共享、管理等数据活动从发生到结束的所有时间点和时间段。需要特别指出的是，图 2-4 中的时间要素并非数据内容的时间（数据活动时间与内容时间相等的情况除外），因为数据内容时间与"来源"之间没有必然联系，它不会改变数据的来源信息。

4）空间在来源模型中所涉及的范围远小于地理空间数据中对空间概念的描述，即来源模型中所指的空间不包含地理空间数据中 "投影系统""坐标系统"等概念集合，它仅阐述数据活动的位置属性，即指数据活动发生的具体地点，以地址的形式表达。

5）工具的原意是指根据工作需要，为提升工作效率所使用的一种能扩展人类自身功能的外部实体。在来源特征模型中，工具有着非常明显的领域倾向性特征，主要指地理空间领域数据生产过程中所使用的软件和硬件或模型、方法。工具的选择及其参数的设置与工作效率、数据产品的质量精度有着非常密切的联系。

6）数据源是对数据采集时所获得的以及数据加工处理时可供利用的原始资料的统称。数据源是来源模特征型中一个不可或缺的要素，在数据加工过程中，无论加工方法、算法及模型如何先进，原始数据本身的精度对最终数据存在着不可忽略的影响。

2.7　地理空间数据的其他特征

地理空间数据的其他特征主要包括数据的共享服务特征和数据利用特征，其中共享服务特征主要包括服务状态、服务费用、服务方式等，数据利用特征主要包括数据利用时效限制、范围限制、精度限制、产权和引用声明等。

值得指出的是，地理空间数据的共享服务特征和数据利用特征与地理空间数据的本质特征、形态特征和来源特征在性质上存在着一定差别，后者是关于地理空间数据自身的特征，前者是地理空间数据利用衍生出的特征，虽然无关数据本身但与之密切相关、不可或缺。后继内容将重点关注地理空间数据的本质特征、形态特征和来源特征。

第3章　地理空间数据本体的概念

3.1　本体的定义、构成与分类

3.1.1　本体的定义

1. 哲学本体

本体（ontology）最早属于哲学的概念，在哲学领域中称为本体论。公元前4世纪，古希腊哲学家亚里士多德最早给出了对本体的描述，认为本体是"对世界上客观存在物的系统描述，即存在论"（Lee et al.，2001），并将本体分成两个方面：研究存在的本质；研究客体对象的理论定义。换言之，即研究整个现实世界（本体）的基本特征（李景，2005）。17世纪，西方形而上学派的哲学家明确提出了"本体论"的概念，本体论研究客观事物存在的本质，本体是对客观存在的一个系统解释或说明，关心的是客观现实的抽象本质（邓志鸿等，2002）。本体与本体论之间的联系是，本体是客观存在的本质，是本体论的研究对象，而本体论是研究本体的系统理论。

2. 信息本体

人工智能和信息科学等领域先后引入了哲学中的本体，以用于知识表示组织以及知识共享重用，但随着研究的深入，本体的内涵发生了改变（钱平和郑业鲁，2006）。目前，在不同的领域中，不同研究者提出了信息本体的不同定义。

1991年，在人工智能领域，Neches等（1991）最早提出了"本体"这个概念，并将其定义为"本体定义了组成主题领域词汇表的基本术语及其关系，以及利用术语和关系组合规则来定义词汇的外延"。但这一定义仅给出了知识工程中的本体建立的基本指南，即首先要识别术语和术语之间的关系，并识别其组合规则，最后提供术语和关系的描述（黄茂军，2005）。

1993 年，Gruber 提出了一个后来具有较大影响的本体定义，"本体是概念模型的明确的规范说明"，并明确给出了本体的形式化表达方式（Gruber，1995）。虽然 Gruber 提出的本体定义得到了学者们的广泛认同，但也有学者认为其定义过于宽泛。Borst 在此基础上进一步完善，于 1997 年提出"本体是概念模型的形式化规范说明"（Borst，1997）。

1998 年，Studer 等（1998）对上述两个本体的定义进一步深入研究，认为"Ontology 是共享概念模型的明确的形式化规范说明"，并指出本体具有概念模型、明确、形式化、共享四重含义。

1）"概念模型"（conceptualization）是指通过抽象出客观世界中的一些现象的相关概念而得到的抽象模型，所表达的含义无关于具体的环境状态。具体来讲，概念模型是人们所能认识的特定领域或环境中一些事物或概念及其属性和关系的抽象。

2）"明确"（explicit）是指对抽象出来的概念模型都有非常清晰和规范的说明。具体包括两个方面，一方面是对概念及其属性有明确的和规范的说明，另一方面是对概念之间的关系或约束有清晰和规范的定义。

3）"形式化"（formal）是指从不同层次上对概念及其属性和关系进行定义和描述，并通过良好的形式化特征语言来表达。这种表达方式必须同时能易于被人理解和被计算机处理。这种形式化的特征语言必须克服自然语言和其他非形式化符号系统的模糊性。

4）"共享"（share）是指本体所体现的是得到共同认可的知识，提供的是相关领域中公认概念集的共同理解，本体是针对团体的共识，而不是针对人或具体环境的特定知识。因为本体反映的是领域内共同认可的概念，所以能够在不同的环境下得到应用和重复使用，从而实现知识的共享。

Studer 所提出的本体定义是共享概念模型的明确的形式化规范说明的定义，是目前最能为信息科学领域内学者们所能接受的定义。

在国外的研究中，除以上具有较大影响的本体定义外，还有若干其他研究者提出的本体定义，归纳如表 3-1 所示（陈建军等，2006）。这些本体的定义虽然各有差异，但是其内涵均没有超出概念化、明确化、形式化和共享化的范围。

表 3-1 国外其他关于本体的定义

研究者	本体的定义
Guarino 和 Giaretta（1995）	本体是概念化的、明确的、部分的说明
Uschold（1996）	本体是概念化的、明确说明和显式表达
Swartout（1996）	本体是一个为描述某个领域，而按继承关系组织起来作为一个知识库的骨架的一系列术语
Fensel 等（2000）	本体是对一个特定领域中的重要概念共享的形式化描述
Noy 和 McGuinness（2001）	本体是对某个领域中的概念的形式化的明确表示，每个概念的特性描述了概念的各个方面及其约束的特征和属性
布鲁塞尔自由大学系统技术与应用研究实验室（Systems Technology and Application Research Laboratory，Vrije Universiteit，Brussel）	本体必须包括所使用术语的规范说明、决定这些术语含义的协议以及术语之间的联系，来表达概念

值得指出的是，为了对哲学和人工智能领域的"本体"加以区分从而避免混乱，Guarino 和 Giaretta（1995）建议以首字母大写的 Ontology 来表示哲学领域的本体论研究，以首字母小写的 ontology 表示人工智能中的本体系统和本体理论的研究。

在国内也有许多不同领域的研究者对本体的概念提出了不同的观点。在人工智能领域，刘柏嵩和高济（2002）采用概念模型来表示本体，并认为概念模型"由一个类层次和类属性以及一组符合有关类或其属性的公理的规则组成"。李景（2005）对国内外的本体定义进行了总结，并提出了"本体是一个关于某些主题的、层次清晰的规范说明"。王敬贵（2005）、景东升（2005）等分别就地理本体进行了研究，并各自提出了不同的地理时空本体概念。钱平和郑业鲁（2006）提出了农业本体的概念，认为农业本体是农业科学领域内概念及其之间关系的形式化表达。尽管国内的研究者提出了不同领域本体的定义，且这些本体的定义各有差异,但都是在"本体是共享概念模型的明确的形式化规范说明"这一框架下,在具体领域内进行具体化和扩展。

综上所述,关于本体的概念,哲学中的本体是指对现实世界的客观存在本质和特征的描述,而信息科学中的本体,尽管学者们对本体的定义和内涵的理解有所不同,但却一致认可本体是确定领域内共同认可的概念,并从不同层次上给出这些概念以及概念与概念之间相互关系的明确、规范、形式化的定义,从而获得对领域内知识的共同理解,为领域内部不同主体的交流对话提供语义基础,以便于知识的共享和重用。

3.1.2 本体的构成

对于本体的逻辑构成目前并没有统一的认识,但研究者都普遍认为本体至少应包括表示给定领域感兴趣事物的术语表和这些术语含义的某种规范说明两个方面的内容。不同的研究者根据具体的研究领域与应用情况的需要,提出了各自不同的本体逻辑结构,其中比较有影响的是三元组、四元组、五元组、六元组以及七元组的观点(表 3-2)。

表 3-2 典型的本体逻辑构成观点及比较

元组数	研究者	逻辑构成	比较
三元组	Neches 等 (1991)	依据本体的定义,指出本体包括 3 个组成部分:概念或类(术语)、概念之间的关系和公理(规则)	三种观点侧重点有所不同: Neches 和 Fikes 的观点侧重于概念间永真的关系,金芝的观点侧重于概念间的特殊层次关系,而崔巍侧重于本体系统与其他领域本体系统的概念间的语义关系
	金芝 (2001)	提出一种企业本体的三元组逻辑构成,包括概念类集、概念类关系集和概念类抽象层次结构	
	崔巍 (2004)	在对地理信息系统语义集成和互操作的研究中也提出了包括概念、关系、不同本体系统概念间的语义关系的本体逻辑构成	

元组数	研究者	逻辑构成	比较
四元组	王洪伟等（2003）	认为本体模型是包括术语、实例、术语定义、实例声明的四元组	王洪伟等强调对术语的描述，Tomai 和 Kavouras 着重于领域内不同类型的关系，包括概念关系、概念属性和关系之间的关系
	Tomai 和 Kavouras（2004）	提出包括概念、词典、关系、公理的四元组地理本体模型	
五元组	Perez 和 Benjamins（1999）、Rodriguez（2000）	依据分类法进行组织，本体可以归纳成为 5 个基元：概念、关系、函数、公理和实例	目前对于本体构成研究影响最为广泛的一种
六元组	Naing 等（2002）	认为本体应由某个领域公认的概念集、概念属性集、关系集、关系属性集、实例集和公理集等 6 个原语组成	
七元组	黄茂军（2005）	认为微观的地理本体逻辑结构是一个七元组，包括概念、概念的语义关系、概念的层次关系、属性、属性的限制、属性的特征以及个体	

3.1.3　本体的分类

不同研究者依据不同的分类标准，给出了不同的本体分类，但目前尚未出现得到广泛认可的本体划分标准。但在众多的本体分类中，以下几种比较典型。

1. 依据本体通用程度的分类

Gruber（1993）依据本体的通用程度不同，将本体划分为表示本体或元本体（representation ontology 或 meta-ontology）、通用本体或上层本体或顶级本体（general ontology 或 upper ontology）、领域本体（domain ontology）和应用本体（application ontology），如表 3-3 所示。其中，通用本体是指具有

普遍意义，关系客观世界常识的本体；领域本体表示针对某个特定领域内的知识的本体；应用本体描述解决特定应用问题的相关概念及其概念之间的关系。

表 3-3　依据通用程度的本体分类

本体类别	描述
表示本体或元本体	元级本体是描述知识表示语言所用的基元分类的表示本体（Van Heijst et al., 1997），即在特定的知识表示体系中，用来获得对知识进行形式化表达的元词的本体
通用本体或上层本体（顶级本体）	指具有普遍意义，关系客观世界常识的本体。这类本体表示的知识不依赖于特定的领域或学科，能够在很大范围内应用于各种不同的领域。例如空间、时间、对象、事件、行为本体等
领域本体	特别针对某个特定领域知识的本体。对特定领域的概念以及概念之间关系的描述，明确了该特定领域内的主要理论和原理等。例如医学、生物、地理本体等，可以引用上层本体来描述自己
应用本体	应用本体不仅特定于某个领域，通常还倚赖于领域内特定的应用，描述用来解决特定应用问题的相关概念及其概念之间的关系等知识。应用本体专门对专业领域的概念加以明确表示，且这些概念都与特定的解决问题的方法体系有关

2.依据领域依赖程度和描述详细程度的分类

Guarino（1997a）分别依据领域依赖程度和详细程度对本体进行分类，如表 3-4 所示。依据对领域依赖程度的不同，Guarino（1997b）将本体划分为顶级本体、领域本体、应用本体和任务本体。其中，顶级本体、领域本体、应用本体的含义与 Gruber（1993）提出的大致相同。依据详细程度的不同，Guarino（1997a）将本体划分为参考本体（reference ontology）和共享本体（share ontology）。

表 3-4 依据领域依赖程度和描述详细程度的本体分类

划分依据	本体类别	描述
对领域的 依赖程度	顶级本体	含义与 Gruber（1993）提出的大致相同
	领域本体	含义与 Gruber（1993）提出的大致相同
	应用本体	含义与 Gruber（1993）提出的大致相同
	任务本体	应用本体处于同一层次，对与特定任务或行为有关的概念以及概念之间的关系进行定义
详细程度	参考本体	详细程度是一个具有模糊性和相对性的概念，这里指对知识描述的具体程度。详细程度较高的是参考本体，较低的是共享本体

此外，Perez 和 Benjamins（1999）在研究多种本体分类方案后，提出包括 9 种类型的本体分类，具体包括：通用本体、核心本体、顶级本体、知识表示本体、任务本体、领域-任务本体、语言本体、方法本体以及应用本体。对应该分类，邓志鸿等（2002）研究认为在本质上是对 Guarino 所提出分类的扩充和细化，但是其所分本体的层次不够清晰，本体之间的存在交叉，且界线较为模糊。

3. 依据形式化程度的分类

Uschold 和 Gruninger（1996）依据本体表示的形式化程度不同，将本体划分为完全非形式化本体、结构非形式化本体、半形式化本体和严格形式化本体，如表 3-5 所示。对于不同形式化程度的本体，钟海东（2011）研究指出，本体是用于交流的工具，包括计算机与计算机的交流、人与计算机的交流和人与人的交流三种，前两者需要形式化的本体，而人与人的交流更需要非形式化的本体，非形式化的本体也具有非常重要的意义。

表 3-5 依据表示的形式化程度的本体分类

本体类别	描述
完全非形式化本体	完全采用自然语言形式表示的本体
结构非形式化本体	采用受限或结构化自然语言表示的本体，以减少二义性

本体类别	描述
半形式化本体	指用人工定义的形式化语言表示的本体
严格形式化本体	采用形式化的方式来表达所有概念以及关系，并且在一定程度上可以证明，所表示的本体包含一致性和完整性等方面的属性

国内的研究者也提出了不同的本体分类。金芝（2001）依据研究主题的不同，将本体划分为知识表示本体、通用或常识本体、领域本体、语言学本体和任务本体；李景（2005）依据逻辑推理能力的强弱将本体划分为重型（heavy-weight）本体、中级（middle）本体和轻型（light-weight）本体。

通常来讲，本体具有静态性和动态性两种特征，静态性是它反映的概念模型，没有涉及动态的行为；动态性是它的内容和服务对象是在不断变化的，对于不同的领域可以定义和构造出不同的本体（廖军，2007）。对比以上本体分类，从指导本体设计、构建及应用的角度来看，依据通用程度和对领域依赖程度的划分最为实用，并且这种划分方法形成的几类本体之间是具有依赖和层次关系的（Guarino，1998），如图 3-1 所示，图中 3 个层次的本体对领域的依赖程度依次递增，其中领域本体、任务本体依赖于顶级本体，而应用本体依赖于领域本体以及应用本体，较高层次的本体可以引用较低层次的本体（钱平和郑业鲁，2006）。

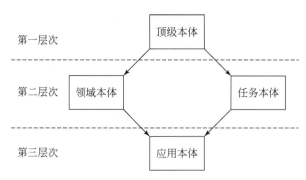

图 3-1　本体的依赖与层次关系图

3.2 地理空间数据本体的定义

由于国内外研究者提出的本体定义均在共享概念模型的明确的形式化规范说明框架下，含义没有超出明确化、概念化、形式化和共享化的范围，因此，地理空间数据本体可以被认为是地理空间数据的共享概念模型的明确的形式化规范说明，换言之，地理空间数据本体可以被定义为地理空间数据的共享概念及其相互关系的明确形式化表达。

3.3 地理空间数据本体的内涵

依据国内外研究者对本体的定义及其解释，可以认为地理空间数据本体具有以下三大层面的内涵：

（1）地理空间数据本体的本质是地理空间数据的概念模型

1）该模型涉及的概念必须是共享的，即领域内共同认可的，这是因为非共享的概念模型难以使人们对事物形成一致的理解，如此则失去其促进交流和理解的原本意义。

2）该模型的逻辑构成不仅应包含概念，还应包含概念与概念之间的相互关系，这是因为要清晰全面地说明一类事物，不仅应描述该类事物本身的特征，还应描述该类事物与其他类事物的相互关联。

3）该模型必须是被明确（精确非二义性）和形式化（人都可以理解的）表示的，以便于领域内不同主体之间进行交流。

（2）地理空间数据本体必须且重点要对地理空间数据的特征及其相互关系加以表达

人们认识和理解事物或对象通常是通过组合一类特定的特征来实现，地理空间数据是具备内容特征、形态特征、来源特征等一系列特征的对象。地理空间数据本体是地理空间数据的概念模型，促进对事物的认识和理解是模型的基本作用，因而该概念模型必须重点对地理空间数据的特征及其相互关系加以表达。

（3）地理空间数据本体是由一系列本体构成的、系统的、完整的、层次的和相互关联的体系

地理空间数据具有内容特征、形态特征、来源特征、权责利特征、管理服务特征和数据利用特征等一系列特征，这些特征每个都独自包含广泛、复杂的内容，同时又相互关联，共同构成地理空间数据的特征体系。地理空间数据本体必须系统、完整的对这些特征加以表达。此外，地理空间数据本体离不开如计量单位本体、时间本体、空间本体等其他本体的支持，这使得地理空间数据本体具有一定层次性和内在关联。总而言之，地理空间数据本体是由一系列本体构成的、系统的、完整的、层次的和相互关联的体系。

3.4 地理空间数据本体的作用

本体是共享概念模型的明确的形式化规范说明（Studer et al.，1998），能够明确定义领域知识的概念以及概念之间的相互关系（崔巍，2004；刘纪平等，2011），为领域内部不同主体（人、机器、软件系统）之间开展基于语义的交流对话、信息共享和互操作提供语义基础（Gruninger and Lee，2002）。本体提供对知识概念和概念之间关系的清晰描述和逻辑推理（黄茂军，2005）。地理空间数据本体即是对地理空间数据语义概念及其相互关系的定义，是一种地理空间数据的语义模型。地理空间数据本体的作用主要体现在以下 3 个方面。

（1）地理空间数据本体是促进地学数据共享的重要推手

现代地球科学研究需要大范围、多学科、长时空序列的基础科学数据，需要通过国内外学术界、企业集团、政府部门、国际组织等之间的合作，通过数据共享的途径获取。数据共享受到了国内外广泛的关注并取得了积极的进展，但仍然存在着数据共享机制待完善、数据发现效果待改进、数据共享质量待提升、动态数据共享待解决等迫切问题，并呈现出志愿数据共享与数据出版、基于语义的智能数据发现与数据关联、完全开放的高质量数据共享和在线软件工具与计算模型共享等发展趋势。

然而志愿数据共享与数据出版的前提是保障数据贡献者的权益。数据贡献者的权益如何描述，不同权益者的权益性如何映射对应，这些均可以通过地理空间数据本体的形式化描述能力和语义映射功能来解决；基于语义的智能数据

发现与数据关联需要通过遵循统一的元数据互操作协议来实现，而统一的元数据如何表达则需要地理空间数据本体的形式化描述能力来实现；基于同一规范的形式化的地理空间数据本体有助于规范数据文档的内容，进而促进高质量的数据共享；在线软件工具与计算模型共享涉及基于语义的数据与模型的自动匹配和推荐、动态数据处理时的数据技术参数科学化和标准化界定等问题，地理空间数据本体对数据语义的规范化和形式化描述均可以支撑这些问题的解决。

由此可见，地理空间数据本体是促进地学数据共享的重要推手。

（2）地理空间数据本体是推动 e-Geoscience 发展的重要手段

现代地学研究是典型的数据密集型范式下的科学研究，需要在网络环境下，开展科研人员之间的协同交流、科技资源（数据、模型、计算资源等）的开放共享、智能关联与协同应用。e-Geoscience 是为了满足现代地学研究的需求而构建的具有信息密集、数据密集、分布式、协作和多领域特征的新型科研信息化环境。鉴于 e-Geoscience 对现代地学研究的重大意义，英、美、德、日和我国都已经针对 e-Geoscience 开展了卓有成效的探索，然而，e-Geoscience 在支撑促进现代地学创新研究和服务社会经济可持续发展决策的同时，在地学信息资源持续共享、地学信息资源质量保障、地学信息资源智能发现和地学科研信息化环境应用方面面临着一系列的问题（诸云强等，2013）。

采用 DOI 和 DCI 对信息资源进行标识引用和评价，是保障地学信息资源持续共享的重要途径，而其前提是对信息资源进行描述和定义，地理空间数据本体对于实现统一和规范的信息资源进行描述和标识具有推动和支撑作用；借助地理空间数据本体，能够实现对地学数据的元数据的科学化和标准化表达，有助于实现数据质量的在线自动检查和评价，是保障地学信息资源质量重要手段；将地理空间数据本体应用与地学信息资源智能发现中，可以实现基于语义的各类信息资源的自动链接和智能搜索，提升地学信息资源发现的查全率和查准率；通过地理空间数据本体，能够促进数据资源、科研人员和管理人员之间连接的科学化、高效化和精准化，有利于推动地学科研信息化环境应用。

不难得出，地理空间数据本体是推动 e-Geoscience 发展的重要手段。

（3）地理空间数据本体是丰富完善地理本体研究的重要内容

地理本体的实质就是对地理科学领域达成共识的概念及其相互间关系的形式化表达。国内外学者针对地理本体内涵与结构、地理本体构建方法、地理本体库构建和地理本体应用等开展了大量的研究工作并取得了丰硕的成果，然而根据文献检索来看，以下几个方面的研究十分鲜见。

一是对地理空间数据的特征、特征与特征之间的相互关系、特征的基本属性和值域范围开展系统化的、体系化的研究；二是统筹兼顾稳定性和灵活性的成套的地理空间数据本体构建技术方法；三是构建完整的、可应用的地理空间数据本体库；四是基于地理空间数据本体实现数据关联而开展数据集成和地理空间数据智能发现的应用。

因此，地理空间数据本体是丰富完善地理本体研究的重要内容。

（4）地理空间数据本体是促进现代地球科学研究的重要工具

现代地学研究的对象是复杂的非线性巨系统，强调圈层间的相互作用和学科间的交叉集成（孙枢，2005），是典型的数据密集型研究（孙九林和林海，2009）。现代地学研究，譬如全球环境变化研究，需要长时间尺度和大空间范围、多种属性的基础数据作为支撑（黄鼎成等，2005）。

现代地学的研究对象和研究内容决定了它必须以大范围、多学科、长时空序列的科学数据为基础，而这些科学数据无法通过单个科学家或团体自行独立获取，需要不同学科、不同区域科学家之间的合作，甚至科学家与政府决策、企业集团之间的合作，通过科学数据共享的途径获取，尤其迫切地需要自上而下的、高质量的、动态的和智能的数据共享。此外，现代地学研究还迫切需要一个"资源丰富、功能强大、开放共享、按需服务、协同应用、稳定运行"的地学科研信息化环境的支撑，形成科研人员既是地学信息资源（数据、模型、文献、知识等）的使用者，更是信息资源贡献者的氛围，建立利用这些信息资源、工具软件、信息化基础设施等开展协同研究的格局，从而提升地学研究的效率和水平。

地理空间数据本体是促进地学数据共享的重要推手、是推动地学科研信息化环境发展的重要手段、是丰富完善地理本体研究的重要内容，因而地理空间数据本体也是促进现代地球科学研究的重要工具。

第4章 地理空间数据本体的总体框架

4.1 地理空间数据本体的三维框架

基于地理空间数据的特征体系、本体分类与构成的总结和地理空间数据本体定义与内涵，地理空间数据本体（GeoDataOnt）的总体框架可以用图4-1所示的三维模型来表示。

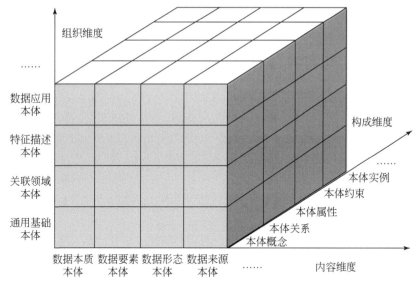

图 4-1 地理空间数据本体三维模型

资料来源：潘鹏，2015

地理空间数据本体总体上包括内容维度、构成维度和组织维度3个方面。从内容维度看，地理空间数据本体由数据本质本体（数据时间本体、数据空间本体、数据要素本体）、数据形态本体、数据来源本体等共同组成；从构成维度看，地理空间数据本体由概念、关系、属性、约束、实例五大要素组成；从组织维度看，地理空间数据本体由通用基础本体、关联领域本体、特征描述本体和数据应用本体等组成。

4.2　地理空间数据本体的内容框架

由于地理空间数据本体是地理空间数据的概念模型，是地理空间数据特征的概念及其相互之间关系的描述，地理空间数据具有数据本质特征、数据形态特征、数据来源特征等。因此，地理空间数据本体内容上由数据本质本体、数据形态本体、数据来源本体等本体共同构成（图4-2）。

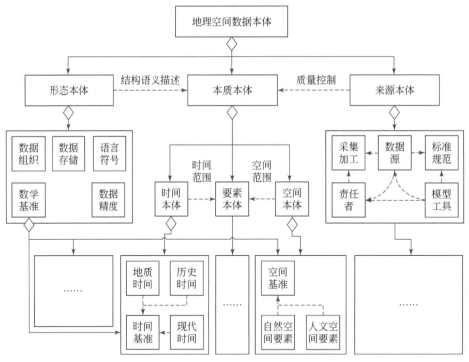

图 4-2　地理空间数据本体的内容构成图

资料来源：诸云强等，2017

其中，本质本体包括：时间范围、空间范围、数据要素等；形态本体包括：

数据组织、数据存储、数学基准、数据精度、语言符号等；来源本体包括：数据源、数据采集处理的模型方法与工具软件、责任者以及遵循的标准规范等。本质本体是地理空间数据本体的核心，形态本体依附本质本体，保障地理空间数据资源集成处理过程中数据结构、基准、语义理解的一致性；而来源本体同样依附本质本体，通过对地理空间数据资源原始的资料来源及其处理方法的描述，辅助数据资源集成处理过程中质量的控制。时间本体又包含时间基准（时间坐标系、时区、时间单位等）及其他领域时间本体（地质时间、历史时间、现代时间）；空间本体又包含空间基准（平面坐标系、高程系、投影方式）、自然空间要素、人文空间要素等本体。

4.3 地理空间数据本体的构成框架

本体的核心一般包括概念、关系、属性和规则。其中，概念是由本体的本质特性决定的。同时，要精确地描述概念则离不开概念的重要特征——属性以及概念与概念之间的关系，且关系和属性分别有对应的约束和规则条件。此外，实例（尤其是典型或重要实例）虽然不是概念体系的构成部分，但是有利于促进知识的交流和建立对知识的共同理解，可以作为本体的外延逻辑构成。

因此，从逻辑构成的维度上看，地理空间数据本体的表达模型（图 4-3），由概念、关系、属性、约束、实例五大部分构成，即 $O = <C, R, P, C_{on}, I>$。

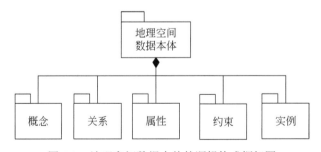

图 4-3 地理空间数据本体的逻辑构成框架图

地理空间数据本体的逻辑构成元素的含义如下。

C：概念，是指地理空间数据某种共同特征的抽象，例如地理空间数据的时间范围、空间范围、空间基准、要素类别等。

R：关系，是指地理空间数据概念之间的关联，例如地理空间数据时间范围之间具有的早晚先后关系，空间范围上具有包含、被包含关系等。

P：属性，是指地理空间数据概念的某种特征，例如时间范围有起始时间、结束时间、持续时间等特征。

*C*on：约束，是指地理空间数据概念间关系和概念属性的限制性条件，例如包含关系具有反对称性，空间坐标值不能为负数等。

I：实例，是指属于特定概念或类的个体，例如"河北省"是概念"中国行政区"的实例，"80坐标系"是概念"地理坐标系"的实例。

4.4　地理空间数据本体的组织框架

从组织层次的维度来讲，根据通用程度或对领域依赖程度的不同，本体可以分为通用本体、领域本体和应用本体等类型。为便于本体的重复使用和交叉引用，也为便于后续地理空间数据本体体系的组织和构建，地理空间数据本体可分为通用基础本体、关联领域本体、特征描述本体和数据应用本体4个层次（图4-4）。

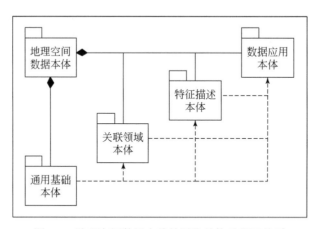

图4-4　地理空间数据本体的层次结构及相互关系

通用基础本体、关联领域本体、特征描述本体和数据应用本体表示的是地理空间数据本体4个层次的内容，它们对学科、领域或行业的依赖程度依次加深，通用程度依次降低，同时，它们之间存在引用和支撑的关系（图4-4），具体为，低层次的本体支撑高层次的本体，高层次引用低层次的本体。

（1）通用基础本体

通用基础本体是由支撑地理空间数据核心概念表达且同时具有较为广泛通用性的概念构成的本体（图4-5），主要包括时间基准本体（如时间点、时间段、时间描述、时间坐标系）、空间基准本体（如空间坐标系、地图投影、比例尺等）、计量单位本体、数学本体等。

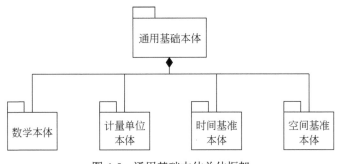

图 4-5　通用基础本体总体框架

（2）关联领域本体

关联领域本体是由与地理空间数据核心概念表达相关联的领域性或行业性概念构成的本体（图4-6），主要包括：时间领域本体（如地质年代、历史朝代、节日、纪念日等）、空间领域本体（如地形地貌、行政区划、经济区划、地名等）以及要素领域本体、形态领域本体、来源领域本体等。其中要素领域本体、形态领域本体、来源领域本体主要是特定学科领域或行业的核心本体，如地理学（如土地覆被、土壤侵蚀、资源环境承载力等）、生态学（如生态系统、生物多样性、景观指数等）、环境科学（如 $PM_{2.5}$、固体废弃物、工业污染、农业面源污染等）、气象学（如降水量、温度、湿度、日照等）等的概念。

（3）特征描述本体

特征描述本体是在通用基础、关联领域本体的基础上，由特定描述地理空间数据特征的概念构成的本体（图4-7），是地理空间数据特征的直观表征形式，主要包括：本质描述本体（如时间描述本体、空间描述本体、要素描述本体）、形态描述本体（如数据组织、数据存储、数学基准、数据精度等）、来源描述本体（如数据源、模型工具、责任者、标准规范等）。

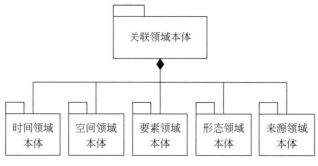

图 4-6　关联领域本体总体框架

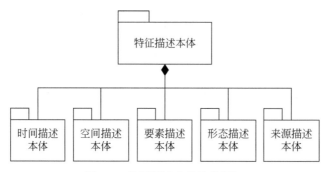

图 4-7　特征描述本体总体框架

（4）数据应用本体

数据应用本体是地理空间数据应用分析的相关本体（图 4-8），主要包括：数据尺度转换本体、数据不确性分析本体、数据挖掘本体、数据关联分析本体等。

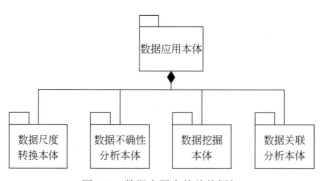

图 4-8　数据应用本体总体框架

第5章 地理空间数据本体的核心模型

5.1 地理空间数据时间本体模型

5.1.1 时间概念体系

根据地理空间数据时间特征，地理空间数据时间本体概念体系框架可以归纳为时间基础概念和时间领域概念两个部分（图5-1），且这两部分按照概念间层次关系可以依次划分为多个层次的子模块。

1. 时间基础概念

时间基础概念由时间基本概念和时间基准概念两部分构成。其中，时间基本概念是指通用的、与领域无关的时间概念，包括时间单位、时间状态、时间类型、季度季节、标准时间、世界时区等；时间基准概念是指规定了时间参考基准（坐标系原点）、尺度基准和正方向的时间测量体系，是对时间信息、时间关系与时间关联度等进行定量描述的基础，又可称时间系统。时间基准概念包括公历时间（年代世纪、日历时间、钟表时间、星期等）、历法（阴历、阳历和阴阳历等）与纪年（公元纪年以及干支纪年、帝王纪年和太岁纪年等）、中国传统时间（天干地支、十二生肖、时辰、节气等）。

2. 时间领域概念

时间领域概念是与地理时间数据表达相关的包括：历史和地学、天文、物理时间概念。其中，较为常见的历史领域时间概念包括：历史朝代、历史事件、年号等；地学领域时间概念包括：年代地层、地质年代等。

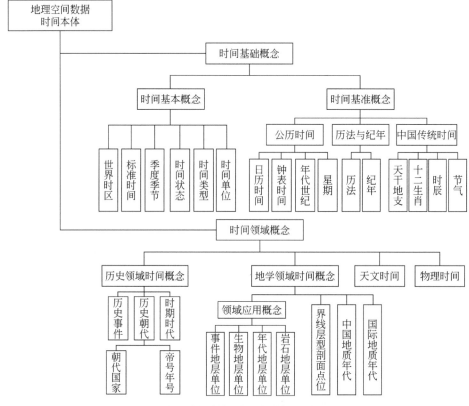

图 5-1 地理空间数据时间本体概念体系框架

资料来源：侯志伟，2016

5.1.2 时间关系体系

时间拓扑关系是不同地理对象或现象之间相关性研究的基础，是时间实体（时间点、时间段及两者的复合实体）在时间上的相互作用关系的描述。时间拓扑关系主要有纵向和横向两种类型。纵向关系具有倒向树、层次结构，又包括包含关系和组合关系。包含关系描述数据集之间的时间关系，也称子集关系，如"20 世纪包含 20 世纪 80 年代"；组合关系描述元素与集合，即数据项与数据集之间时间关系，如"20 世纪 80 年代"由 1980 年到 1989 年间的 10 年组成。横向关系包括相等、相接、相离和相交，以及由此衍生出的早于、晚于等关系，如"20 世纪早于 21 世纪"。相离等关系是对时间区间代数理论的扩展，便于排除干扰数据，计算时间相关度等应用。例如，具有"相交"关系的实体时间相关度大于具有"相离"关系实体间的相关度，而且"相离"距离越大，相关度越小。

1. 时间拓扑关系

时间实体一般可分为时间点、时间段和聚合时间实体，总体来讲，它们之间的拓扑关系可以总结为如表 5-1 所示。

表 5-1　时间实体时间拓扑关系表

时间实体＼时间关系	相接	相离	相交	相等	包含
时间点-时间点		√		√	
时间段-时间段	√	√	√	√	√
时间点-时间段		√		√	√
聚合时间实体-任意时间实体	√	√	√	√	√

（1）时间点之间的拓扑关系

时间点关系用于描述当存在不同的时间粒度时，最小时间粒度等级上不同的时间点之间的关系，包含相等和不相等两种关系（表 5-2）。时间点相等表示在确定的时间粒度上，时间实体在时间轴上的时间位置重合、时间值相等。

表 5-2　时间点之间的拓扑关系

拓扑关系	逆关系	父拓扑关系	图示
不相等	相等	相离	t_1 t_2
相等	不相等	相等	$t_1=t_2$

注：表中关系为时间点 t_1 相对于时间点 t_2 的关系，下同

（2）时间段之间的拓扑关系

时间段关系基于时间区间代数理论，在特定的时间粒度上，描述时间段与时间段之间的时间关系，有"早于"（intBefore）、"包含"（intContains）等 14

种关系（表5-3）。

表5-3　时间段之间的拓扑关系

拓扑关系	逆关系	父拓扑关系	图示
早于	晚于	相离	T_1 T_2
晚于	早于	相离	
包含	在……期间	包含	T_2 T_1
在……期间	包含	包含	
结束于	以……结束	包含	T_1 T_2
以……结束	结束	包含	
相接	被相接	相接	T_1 T_2
被相接	相接	相接	
相交	被相交	相交	T_1 T_2
被相交	相交	相交	
开始于	以……开始	包含	T_1 T_2
以……开始	开始	包含	
不相交	—	相离	T_1 T_2
相等	—	相等	T_2 T_1

注：表中时间关系为时间段 T_1 相对于时间段 T_2 的关系，"—"表示无逆关系，下同

（3）时间点与时间段之间的拓扑关系

描述时间点与时间段实体之间特殊的拓扑关系，包括"包含""在……之内"，以及时间段的开始和结束时间点（表5-4）。

表5-4　时间点与时间段之间的拓扑关系

拓扑关系	逆关系	父拓扑关系	图示
包含	在……之内	包含	t T
在……之内	包含	包含	
开始时间	结束时间	包含	t_1 T t_2
结束时间	开始时间	包含	

（4）聚合时间实体与任意时间实体之间的拓扑关系

聚合时间实体与任意类型时间实体之间的拓扑关系，例如时间粒度为年时，时间段2010~2015年早于时间点2016年。两者之间通常情况下为"早于"（intBefore）和"晚于"（intAfter）关系，特殊情况下为"在……之间"（intBetween）关系（表5-5）。

表5-5　时间实体关系

拓扑关系	逆关系	父拓扑关系	图示
早于	晚于	相离	
晚于	早于	相离	
在……之间	—	相交	

2. 时间方向关系

只有在时间实体是相离的情况下，才考虑时间实体之间的方向关系。时间方向关系主要有早于和晚于两种（表5-6），两者互为反关系，并且都有传递性质。此外，从某种意义上来讲，时间方向关系也是一种特殊的时间拓扑关系。

表5-6　时间方向关系

方向关系	逆关系	父关系	图示
早于	晚于	相离	
晚于	早于	相离	

3. 时间距离关系

时间距离指时间点对之间的时间位置之差，主要包括持续时间、间隔时间和重叠时间，是时间关系和数据时间关联指标体系定量研究的基础。持续时间指时间实体从开始时间点到结束时间点之间的时间量［图5-2（a）］，如干旱、地震持续天数。间隔时间指时间点对中第一个时间实体的结束到第二个时间实体的开始之间的时间量［图5-2（b）］，如两次冰期之间气候变暖的间冰期；重叠时间（或称时序共振），是特殊的间隔时间，是时间实体之间共享的时间段。重叠时间中第一个实体的结束时间要晚于或等于第二个时间实体的开始时间[图 5-2（c）]。

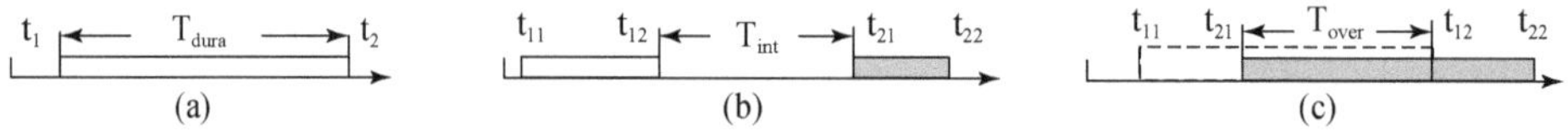

图 5-2　时间距离

时间距离关系可以用定性和定量两种方式来度量。定性度量反映时间实体之间距离的大小情况，一般用远和近两种方式来表示（表 5-7）。定量度量反映时间实体之间定量的距离值，例如距离值为 1 年或 365 天，又如距离值为 1 小时或者 3600 秒。

表 5-7　时间距离关系

距离关系	逆关系	父关系	图示
远	近	相离	 T_1　　　T_2
近	远	相离	 T_1　　　T_2

5.2　地理空间数据空间本体模型

5.2.1　空间概念体系

根据地理空间数据空间特征，地理空间数据空间本体概念体系框架可以归纳为空间基础概念和空间领域概念两个部分（图 5-3），且这两部分按照概念间层次关系可以依次划分为多个层次的子模块。

1. 空间基础概念

空间实体的表达同样离不开空间基础概念的支持、空间基础概念由空间几何概念和空间基准概念两部分构成。其中，空间几何概念是指空间实体在几何

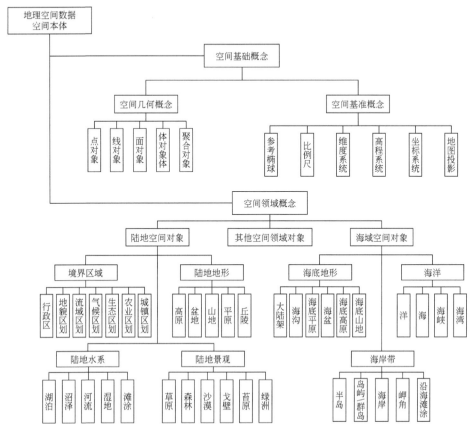

图 5-3　地理空间数据空间本体概念体系框架

资料来源：王东旭，2016

方面表达形式的描述，包括点对象、线对象、面对象、体对象和聚合对象；空间基准概念是指地理空间对象或现象表达的空间参考系统，包括参考椭球、比例尺、平面坐标系、垂直坐标系和地图投影等。

2. 空间领域概念

空间领域概念主要包括陆地空间对象、海域空间对象和其他空间领域对象。其中，陆地空间对象主要包括境界区域（行政区、地貌区划、流域区划、气候区划、生态区划、农业区划、城镇区划等）、陆地地形（高原、盆地、山地、平原、丘陵等）、陆地水系（湖泊、沼泽、河流、湿地、滩涂等）和陆地景观（草原、森林、沙漠、戈壁、苔原、绿洲等），海域空间对象主要包括海底地形（大陆架、海沟、海底平原、海盆、海底高原、海底山地等）、海洋（洋、海、海峡、海湾等）和海岸带（半岛、岛屿/群岛、海岸、岬角、沿海滩涂等）。

需要强调的是，陆地空间对象、海域空间对象中的对象是指一类具体实例的集合，属于本体逻辑构成中概念的范畴，而非实例。例如，平原对象作为概念，包含东北平原、华北平原等具体实例；行政区对象作为概念，包括河北省、山东省等具体实例。又如，山东省地处华北平原这句表述，描述的不仅仅是山东省和华北平原两个实例之间的空间包含关系，而且是将华北平原作为空间参考系统来度量山东省的地理空间位置。

5.2.2　空间关系体系

空间关系是指地理实体之间存在的与空间特性有关的关系，主要包括拓扑关系、方向关系和度量关系 3 大类。

1. 空间拓扑关系

空间拓扑关系是指空间对象在拓扑变换条件下保持不变的空间关系。许多研究者对空间拓扑关系开展了广泛的研究，提出了多种不同的复杂空间拓扑关系，在此不做深入介绍，但一般来讲，空间拓扑关系可分为点-点、点-线、点-面、线-线、线-面、面-面 6 种来分析（表 5-8），包括相离、相接、重叠、包含、被包含、相等 6 种拓扑关系。

2. 空间方向关系

空间方向关系是描述空间实体之间在空间上的排序，通过定性的方法可以将实体在方向上的关系大致表达清楚。空间方向关系分为水平方向关系、垂直方向关系、直线方向关系和角度方向关系四类。

根据地理空间数据所表达出来的方向信息，并结合人们实际对于方向的表示方法，可以对空间方向关系做出以下具体划分。

表 5-8　点、线、面空间拓扑关系

拓扑关系	点-点	点-线	点-面	线-线	线-面	面-面
相离　(disjoint)						E_1　　E_2
相接　(touch)	***	***	***			E_2 E_1
重叠　(overlap)	***	***	***			E_1 E_2
包含　(contain)	***					E_1　E_2
被包含　(within)	***					E_1　E_2
相等　(equal)		***	***		***	E_1 E_2

注："***"表示不具有实际意义的拓扑关系（E_1、E_2 代表不同面实体）

1）水平方向划分为东（E）、南（S）、西（W）、北（N）、东北（NE）、东南（SE）、西南（SW）、西北（NW）、中（C）、同向（O）10 个方向。

2）垂直方向划分为垂直向上（V）和垂直向下（OV）。垂直向上一般包括 Z 轴正方向、上升、向上等，垂直向下一般包括 Z 轴负方向、下降、向下等。

3）直线方向划分为直线方向上正向（LD）和直线方向上反向（OLD）。直线方向上正向主要包括顺风、顺流、向阳、上坡等，直线方向上反向主要包括逆风、逆流、背阳、下坡等。

4）角度方向划分为正方向（AD）和反方向（OAD）。正方向包括正转、顺时针，反方向包括反转、逆时针。

3.空间度量关系

空间度量关系较为典型的是空间距离关系。从三维空间的 3 个角度来看，一般可以划分为距离关系、长度关系和高度关系（表 5-9）。

表 5-9　空间度量关系

关系类型	父关系	空间度量关系
距离关系	空间度量关系	远、近、非常远等
长度关系	空间度量关系	长于，短于
高度关系	空间度量关系	高于，短于

5.3　地理空间数据要素本体模型

5.3.1　要素概念体系

根据与之相关的人类活动是否占主导地位，地理空间数据要素本体的概念总体上可以分为自然地理要素概念和人文地理要素概念两大类，如图 5-4 所示。

1.自然地理要素概念

自然地理要素概念包括陆地要素、海域要素和其他自然地理要素。其中，陆地要素主要包括陆地地形（高原、盆地、山地、平原、丘陵等）、陆地水系（湖泊、沼泽、河流、湿地、滩涂等）和陆地景观（草原、森林、沙漠、戈壁、苔原、绿洲等），海域要素主要包括海底地形（大陆架、海沟、海底平原、海盆、海底高原、海底山地等）、海洋（洋、海、海峡、海湾等）和海岸带（半岛、岛屿/群岛、海岸、岬角、沿海滩涂等）。

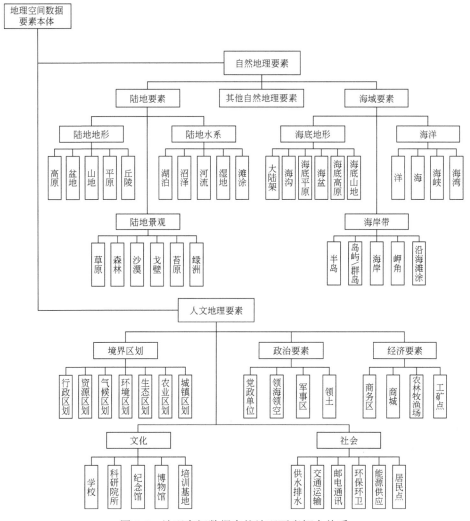

图 5-4　地理空间数据自然地理要素概念体系

　　需要指出的是，此处要素概念体系中的自然地理要素概念与空间本体概念体系中的空间领域概念看似相同，但两者有本质的区别。自然地理要素概念是从学科领域的角度描述地理空间数据涉及的要素种类特征，空间领域概念是将现实世界的自然地理实体作为空间参考描述地理空间数据涉及的空间位置和范围等特征。举例来讲，图 5-5 所示某关于太湖的矢量空间数据，该数据具有要素种类特征和空间位置特征两方面的特征，要素种类特征为湖泊，可以用自然地理要素概念的子概念陆地水系中的湖泊来描述，空间位置特征为平原（太湖位于长江中下游平原），可以用陆地空间对象（空间领域概念的子概念）的子概念陆地地形中的平台来描述。

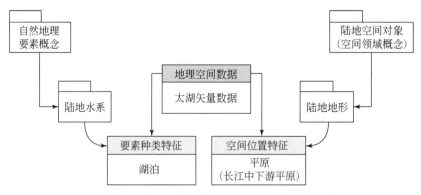

图 5-5　自然地理要素概念与空间领域概念区别示意图

2.人文地理要素概念

人文地理要素概念包括境界区划、政治要素、经济要素、文化要素和社会要素。其中，境界区域包括行政区划、资源区划、气候区划、环境区划、生态区划、农业区划、城镇区划等，政治要素包括党政机关、领土领海领空、军事区等，经济要素包括商务区、贸易区、商城、农林牧渔场、工矿点等，文化要素包括学校、科研院所、培训基地、纪念馆、博物馆等，社会要素包括给排水、交通运输、环保环卫、能源供应、居民点等。

5.3.2　要素关系体系

地理空间数据要素关系反映地理空间数据包含的地理要素之间的语义关系。这种语义关系比较复杂，有学者将语义关系归纳为 12 种（贾黎莉，2007），包括上下位关系、等同关系、与关系和交叉关系、或关系、非关系、矛盾关系等，这些关系划分较为详细，能将概念中的关系详细地加以表达，但这些关系主要是从叙词表的词间关系衍生而来，其中很多关系在地理空间概念的实际表达中意义不大，例如能愿关系（表达概念间存在的可能、意愿和必须关系，强调内在联系)、动作关系(类似于语言学中的"动宾"关系,强调概念之间存在某种动作意义上的关联),此外,部分关系表达比较赘余,例如或关系、互补关系、矛盾关系等在一定程度上表达的是同级概念或实例之间不相交、互斥的关系。

对以上 12 种语义关系进行筛选、组合,设计出地理空间数据要素本体中的 6 种主要语义关系(表 5-10),包括父子关系、兄弟关系、整体部分关系、互斥关系、等同关系、近似关系。

表 5-10 地理空间数据要素语义关系

语义关系	关系说明	举例
父子关系	描述不同级概念之间的上下位关系	"水系"与"河流"
兄弟关系	描述同级概念之间的并列、同级关系	"河流"与"湖泊"
整体部分关系	表示不同概念之间整体与部分关系	"经纬度"与"经度"
互斥关系	描述不同概念之间的互相排斥、互为反面的关系	"水系"与"地形"
等同关系	描述不同概念之间的等价关系	"半小时"与"30 分钟"
近似关系	描述意义上相近的概念	"季节"与"季度"

5.4 地理空间数据形态本体模型

5.4.1 数据形态概念体系

地理空间数据形态本体的概念体系主要包括数据组织、数据存储、数据精度、数学基准、计量单位和语言符号六大概念(图 5-6)。

1. 数据组织概念

数据组织概念包括数据类型概念和数据结构概念。其中,数据类型概念指的是矢量数据、栅格数据、文本数据、表格数据或多媒体数据。不同的分类标准可以得到不同的数据类型分类体系,数据类型决定了数据结构;数据结构指用于在计算机中表示地理空间信息的数据组织方式,包括矢量结构、

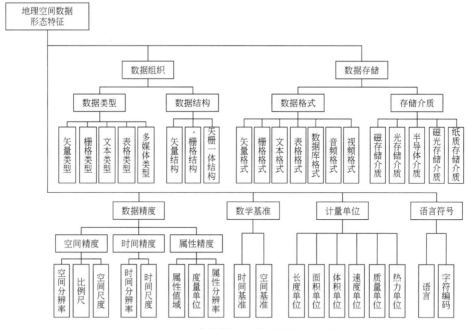

图 5-6　地理空间数据形态本体概念体系

资料来源：孙凯，2017

栅格结构、矢栅一体结构等，例如，矢量数据结构有双重独立编码结构、链状双重独立编码结构等，栅格数据结构有四叉树、游程编码、链码等，矢栅一体结构有基于多级格网的四叉树编码结构、基于代码点（code-points）的矢栅一体化结构等。

2. 数据存储概念

数据类型和数据结构与数据的存储格式之间存在着密切的关系。数据存储概念是指反映数据在物理存储方面的表现形式的有关概念，主要包括数据格式和存储介质两个方面。由于不同的组织的标准和软件工具的处理方式不同，使得同样的数据结构会由于几何或属性信息组织方式、文件头和扩展名，以及是否含有拓扑关系等不同，生成不同类型的数据格式，包括矢量文件格式、栅格文件格式、文本文件格式、表格文件格式、音频文件格式、视频文件格式等，具体如，矢量文件的.dwg 格式、.cdr 格式，栅格文件的.bmp 格式、.jpg 格式，文本文件的.txt 格式、.doc 格式,音频的.mp3 格式、.ape 格式等,视频文件的.rmvb 格式、.mpg 格式等。此外,存放数据文件还需要物理介质作为载体,包括磁盘存储介质、光存储介质、半导体存储介质、纸质存储介质等。

3. 数据精度概念

数据精度包含空间精度、时间精度和属性精度。其中,空间精度通常是数据生产者和使用者最为关注的,包含空间分辨率、比例尺和空间粒度(分县、分省等)等;时间精度包括时间分辨率、时间粒度(按年、月、日)等;属性精度包含属性值域(数据集中属性值的取值范围)、度量粒度和属性分辨率(数据集中能区分的最小属性值数量)。

4. 数据基准概念

数据基准决定数据所采用的空间参考系统,一定程度上也属于数据形态的范畴,包括数据时间基准、空间基准,具体见地理空间数据空间本体有关章节内容。

5. 计量单位概念

计量单位与科学领域有关,也是对数据形态的一种反映。常用的计量单位种类包括:长度单位(千米、米、英寸[①]、纳米)、面积单位(亩[②]、公顷、平方千米)、体积单位(立方米、加仑[③]、升)、速度单位(千米每小时、节、米每秒)、质量单位(千克、毫克、微克)、热力学单位(开氏度、华氏度、摄氏度)等。

6. 语言符号概念

语言符号概念包括语言概念和字符编码概念等。根据欧洲比较学派的研究成果,某些语言的语音、词汇、语法规则之间有对应关系。根据不同民族和地区使用语言的近似程度,语言可以分成不同的语族,如果语族之间的词汇有明

---

① 1 英寸≈0.0254 米
② 1 亩≈666.7 平方米
③ 1 加仑≈3.78 升

显的对应关系，则进而被划分为同一语系。语言概念包括语系（如印欧语系、汉藏语系、闪含语系、达罗毗荼语系、高加索语系、乌拉尔语系等）、语族（如汉语和藏缅、壮侗、苗瑶等语族等）、语种（如汉语、藏语、缅甸语、克伦语、壮语、苗语、瑶语等）等概念。字符编码也称字集码，是把字符编码为指定集合中某一对象（如比特模式、自然数序列、8 位组或者电脉冲），以便文本在计算机中存储和通过通信网络的传递，常见的有摩斯电码、ASCII、GB2312、Unicode、UTF-8 等。

5.4.2 数据形态关系体系

地理空间数据形态关系复杂多样，但总体来讲反映的是地理空间数据在数据组织、数据存储、数据精度、数学基准、计量单位和语言符号 6 个方面的关系，表 5-11 列出了这 6 个方面的关系及其包含的子类型的关系以及典型的关系项。

表 5-11 地理空间数据形态关系

父关系	子关系	典型关系
数据组织关系	数据类型关系	相同/不同、可转换/不可转换
	数据结构关系	相同/不同、可转换/不可转换
数据存储关系	数据格式关系	相同/不同/相似、可（无损/有损）转换/不可转换
	数据存储关系	一致、同构、异构
数据精度关系	时间精度关系	时间分辨率高于/低于、时间粒度粗/细
	空间精度关系	空间分辨率高于/低于、比例尺大于/小于、空间粒度粗/细
	属性精度关系	属性分辨率高于/低于、度量粒度粗/细、属性值域大/小
数学基准关系	时间基准关系	时间系统相同/不同、可转换/不可转换
	空间基准关系	空间坐标系相同/不同、可转换/不可转换
计量单位关系		粒度大于、粒度小于
语言符号关系	数据语言关系	
	数据符合关系	符号可转换/不可转换

5.5 地理空间数据来源本体模型

5.5.1 来源本体概念体系

来源本体以数据为基础要素，描述数据从生产到消亡的整个过程中所涵盖的数据源、数据责任者、数据活动及其过程中所使用的工具等重要信息。因此，地理空间数据来源本体概念体系（图 5-7）第一级概念与来源特征模型保持一致，包含数据源、数据、数据活动、数据责任者、工具等。

1. 数据源

数据源是指数据的来源或加工形成的数据产品的原始数据。在地理空间领域对于原始数据主要有：地质测量、勘察、对地观测、地基观测等多种数据源；对于二次加工或编辑数据主要有：文本、地图、观测数据以及遥感卫星影像等多种数据源。

2. 数据活动概念

数据活动是对数据从最初的采集、加工到最终的管理、分发等全生命周期过程的完整概括。因此，数据活动概念包括数据采集、数据加工、数据管理、数据分发概念，此外还应包括对数据活动的时空特性的描述。

（1）数据采集和数据加工

数据采集和数据加工最为重要，直接影响到最终数据产品的质量和精度，这也是数据生产者和数据使用者最为关注的内容。对于原始数据而言，数据采集过程尤为重要，采集过程中所涉及的采集环境、采集方法、采集工具等都与数据质量密切相关，先进的采集工具、正确的采集方法以及良好的采集环境能很好地提升数据的质量；对于二次加工数据而言，在对数据加工的过程中，涉及的一些算法、模型以及对数据源的加工程度等都会对后期数据产品的质量造成影响。

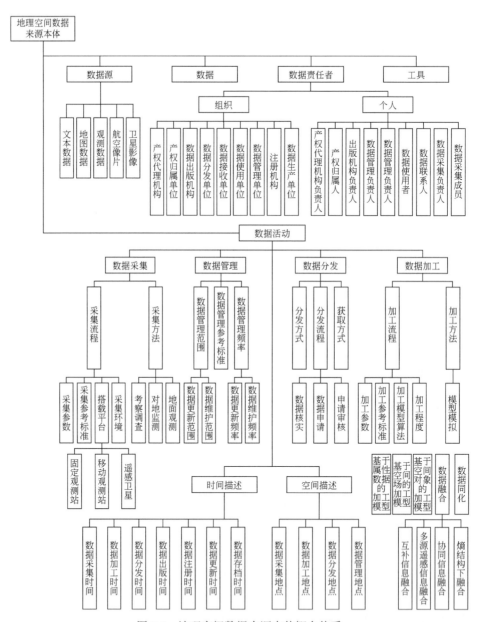

图 5-7　地理空间数据来源本体概念体系

资料来源：李威蓉，2018

（2）数据管理和数据分发

数据分发和数据管理在数据共享的过程中同样发挥着极其重要的作用。数据分发和数据管理的质量对于用户能否顺利使用到可靠的数据有着密切联系。数据分发主要包括分发方式、方法流程以及获取方式；数据管理主要包括数据管理范围、数据管理频率以及管理过程中依照的参考标准。

（3）时间描述和空间描述

时间和空间是对数据采集、加工、分发、管理等数据活动的描述。时间描述包括数据采集时间、加工时间、分发时间、出版时间、注册时间、更新时间、存档时间等；空间描述包括数据采集地点、加工地点、分发地点、管理地点等。

3. 工具概念

工具概念主要指用于地理空间领域数据生产过程中所使用的软件和硬件的相关概念。工具概念一定程度上能够反映数据处理的工作效率和数据产品的质量。

4. 数据责任者概念

数据责任者包括组织和个人两类，在数据活动过程中根据职责的不同分别担任不同角色，行使不同的功能，例如采集者、处理者、管理者、分发者、使用者。组织概念包括产权代理机构、产权归属单位、数据分发单位、数据生产单位、数据管理单位等，而个人包括数据采集责任人、数据联系人、产权归属人、产权代理机构负责人等。

5.5.2 来源本体关系体系

从数据来源过程中涉及动作的执行程度大小的角度，对来源本体概念间的关系进行划分，可以划分为静态、半动态以及动态 3 种类型（图 5-8）：①静态关系不涉及执行动作，侧重于描述对象间的关系，主要包括数据间的关系、数据责任者之间的关系、数据与数据责任者之间的关系；②半动态关系涉及的动作程度较弱，主要描述对象与过程间的关系，包括数据与数据活动间的关系和数据责任者与数据活动间的关系；③动态关系涉及较强的动作执行程度，重点描述过程间的关系，主要指多个数据活动之间的关系。

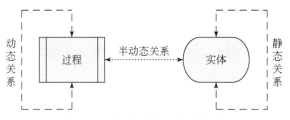

图 5-8　来源本体概念关系类型

在上述 3 种类型关系的基础上，进行深入扩展，总结归纳出能够反映地理空间数据来源特征且具有代表性的详细语义关系（表 5-12）。由于来源本体概念之间的语义关系较多，仅列出其中的核心关系。

表 5-12　地理空间数据来源关系

关系谓词	关系简述	图示
引用	由多个数据源合并成一个，侧重于数据的复制	数据源A →引用→ 数据C，数据源B →引用→ 数据C
更新	在已有数据上添加新的信息	数据源 →更新→ 数据
融合	多个数据源合并而成，生成一个全新的数据	数据源A →融合→ 数据C，数据源B →融合→ 数据C
修订	修复数据中的某些错误	数据源 →修订→ 数据
使用	利用已有的数据源进行数据活动，在利用数据前，数据活动不会被数据所影响	数据 →被用于→ 数据活动
生成	通过数据活动完成新数据的生产，生产之前不存在，生产之后可供使用，主要针对原始数据的产生	数据活动 →生成→ 数据
共生	数据生产过程中，涉及多个数据活动，缺一不可	数据活动A ←共生→ 数据活动B

续表

关系谓词	关系简述	图示
授权	数据责任者 A 委托数据责任者 B 进行数据活动	数据责任者A —授权于→ 数据责任者B
属于	数据责任者对数据具有所有权	数据 —属于→ 数据责任者
负责	数据责任者在数据活动中承担的任务或者责任	数据责任者 —负责→ 数据活动
贡献	数据责任者参与数据活动,对数据的生成起有利作用	数据责任者 —贡献→ 数据

资料来源:李威蓉等,2017

第6章 地理空间数据本体的构建方法

6.1 本体的构建方法、语言与工具

6.1.1 本体的构建方法

本体的构建是以本体描述语言和本体模型为基础，将本体中概念、属性、关系等内容转成本体文件的过程。该过程具有系统化、工程化等特点，在构建的同时需要遵循：①明确性和客观性：本体文件中添加的概念、属性或关系必须是明确的、客观的；②完整性：能清晰表达术语的完整含义，不出现歧义；③一致性：本体推理内容与本体术语本身不存在矛盾和逻辑冲突；④最大可扩展性：添加新术语的同时，不需要对已有的术语进行修改；⑤最小承诺：本体描述的应是领域内共同认可的知识，以便于实现知识共享；⑥最小编码偏差：尽可能独立于具体的编码语言，以减少编码误差等，并最终形成可用的本体库。

由于各个学科领域以及应用目的之间存在差异，目前尚没有统一的、通用的本体构建方法。国内外研究机构根据各自领域及研究目的的不同分别提出了多种本体构建方法，其中应用较为广泛且具有代表性的构建方法主要有骨架法、企业建模法、Methontology 法、七步法、IDEF5 法、循环获取（cyclic acquisition process）法、KACTUS 法、SENSUS 法、Holsapple 和 Joshi 法等（杨秋芬和陈跃新，2002；顾芳，2004；金芝，2001；李宏伟，2007），以下选取其中较典型的几种方法加以简要介绍。

| 第 6 章 | 地理空间数据本体的构建方法

1.骨架法

骨架法（Skeleton Methodology）又称 ENTERPRISE 法，由 Uschold 和 Gruninger（1996）提出，是一种只适用于构建企业本体的方法。基于该方法建立本体的流程如图 6-1 所示。

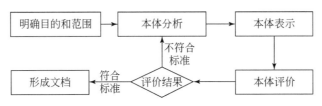

图 6-1　骨架法建立本体的流程图

资料来源：张宇翔，2002

表 6-1 所示为与图 6-1 所示相对应的骨架法构建本体的步骤,从表中可以看出，骨架法构建本体的思路非常清晰，其核心是将本体建立分为本体分析和本体表示两个阶段，本体分析阶段确定概念和关系，并用自然语言准确描述，本体表示阶段则形式化定义这些概念和关系，最终实现本体的建模。

表 6-1　骨架法建立本体的步骤

明确目的和范围	确定建立本体的目的和用途，以及使用该本体的用户范围		
建立本体	本体分析	确定领域中关键概念和关系	
		给出这些概念和关系的无二义性的自然语言定义	
		确定定义这些概念和关系的术语	
	本体表示	本体编码	用一种合适的形式化本体语言表示上述概念和关系
		本体集成	集成已经获取的概念或者关系的定义，使它们形成一个整体
本体评价	本体评价标准是清晰性、一致性、完善性、可扩展性		
形成文档	把所开发的本体以及相关内容以文档形式记录下来		

资料来源：黄茂军，2005

2. 企业建模法

企业建模法由多伦多大学企业集成实验室研制，又称 TOVE 法、评价法，用于构建关于企业建模的过程本体，主要目的是通过本体来建立企业进程和活动的逻辑模型，并通过推理来解决企业运行方面的问题（Grüninger and Fox，1995；黄茂军，2005）。企业建模法建立本体的流程如图 6-2 所示。

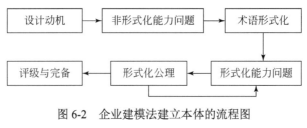

图 6-2　企业建模法建立本体的流程图

资料来源：张宇翔，2002

图 6-2 中，设计动机为在现有的本体不能满足领域的应用时开发新的本体，给出对新本体建设有利的场景；非形式化能力问题为基于上述应用场景，明确本体构建的需求，并采用问题-答案的形式描述这种需求，从而指明本体应回答的问题，其中，问题用术语表示，答案用公理和形式化定义表示；术语形式化为对非形式化的术语，采用形式化的本体语言加以定义；形式化的能力问题为对非形式化的能力问题，采用形式化定义的术语加以定义；形式化公理为对非形式化的能力问题中的公理，采用本体逻辑谓词加以定义，该阶段与上一阶段反复和交互；评价与完备为评价所构建的本体，若无法满足先前的需求，则返回到术语形式化阶段（黄茂军，2005；李宏伟，2007）。

3. Methontology 法

Methontology 法由马德里技术大学提出，主要用于构建化学本体（Fernández-López et al.，1997）。Methontology 法将企业建模法和骨架法加以综合，采用类似于软件工程中指导软件开发的方式进行本体的构建，整个过程包括管理、开发和维护 3 个阶段。Methontology 法构建本体的具体步骤归纳为表 6-2（孙小燕，2006；李宏伟，2007）。

表6-2 Methontology 法建立本体的步骤

管理		对整个本体开发过程进行总体规划，包括进度安排、资源分配与使用和质量保证等
开发	规范说明	采用自然语言描述构建本体的目的、形式化程度以及范围，形成本体的规格说明
	概念化	识别规格说明中的领域词汇，并用词汇描述问题和解决方案
	实现	选取合适的本体开发工具和本体描述语言，编码实现本体
	评价	在每两个阶段之间，对本体、文档以及软件环境的正确性和有效性进行评价
维护	知识获取	从专家、书籍、数字等多种来源中，通过访谈、文本分析以及工具获取知识
	系统集成	重用已经存在的本体中的定义，可以查看元本体，选择语义和实现上与自己概念模型中一致的术语定义
	文档管理	本体开发的每个阶段都应形成对应的文档，对文档进行管理

4.七步法

七步法由美国斯坦福大学医学院提出，主要用于领域本体的构建（图6-3）。七个步骤分别是：第一步，确定本体的专业领域范畴；第二步，考察复用现有的知识本体的可能性；第三步，抽取领域知识中的重要术语；第四步，定义类和类的层级体系；第五步，定义类的属性；第六步，定义属性的约束；第七步，创建相应的实例及关联。

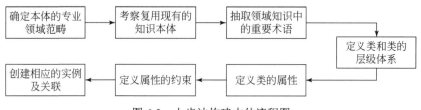

图6-3 七步法构建本体流程图

骨架法、企业建模法、Methontology 和七步法的优缺点对比如表6-3所示。此外也有很多其他研究者（杨秋芬和陈跃新，2002；李景，2005）对以上本体构建方法进行了比较，目前很难说哪种方法最优，本体的构建者通常是根据知识工程的实际需求和领域的应用情况来建立本体。但总体来讲，以上本体建立方法有其共性，主要表现为逐步将自然语言描述的隐含的或默认的知识加以形式化并显式地表达出来（李宏伟，2007）。

表 6-3　典型本体构建方法优缺点对比

序号	构建方法	初始应用目的、用途或范围	优点	缺点
1	骨架法	企业建模	指导方针及流程明确，具有实践指导意义	本体演进不明确
2	企业建模法	商业与公共业活动	商业与公共业活动中需求问题较为明确	没有对构建步骤进行详细说明
3	Methontology	化学本体	侧重本体重用	缺乏针对性的本体评价方法
4	七步法	构建领域本体	方法实用，较成熟	缺乏本体评价步骤

6.1.2　本体的描述语言

本体提供的共识主要是用于计算机处理，但是目前的计算机只能将各种知识当作字符串来处理而非知识本身。因此，类似于采用计算机编程语言表示某些任务以便让计算机来完成，应采用一定的形式化语言对本体进行描述，从而使计算机能够处理本体知识。本体的描述语言又称为本体的标记语言、置标语言、构建语言或是表示语言。能够将概念及其关系清晰而形式化地加以表达的本体语言，应具有以下功能或特点：良好定义的语法（a well-defined syntax），良好定义的语义（a well-defined semantics），有效的推理支持（efficient reasoning support），充分的表达能力（sufficient expressive power），表达的方便性（convenience of expression）（McGuinness and Van Harmelen，2004）。

目前，不同的研究者对本体的描述语言做出了大量的研究，产生了许多的本体描述语言。已有的几种主要的本体描述语言按照其应用环境可归为两类（陈建，2006；李宏伟，2007）。

1. 基于人工智能的本体语言

基于人工智能的本体语言包括：KIF（knowledge interchange format），

Ontolingua（Farquhar et al.，1996），Cycl（Elkan and Greinery，1990；Lenat，1990，1995），Loom①以及 Flogic（Frame Logic）（Kifer et al.，1995）。

基于人工智能的本体描述语言，属于在 XML 标准出现以前较为早期的研究，由人工智能领域的项目研究小组开发出来，总体上都以谓词演算为基础（李宏伟，2007），只针对具体的知识工程或系统，现在已较少使用。

2. 基于 Web 的本体语言

基于 Web 的本体语言包括：SHOE（simple html ontology extension）（Borst，1997），XML（extensible markup language），XML-S（extensible markup language schema），OML（ontology markup language）（Kent，2000），XOL（XML-based ontology exchange language）（Studer et al.，1998），RDF（resource description framework），RDF-S（resource description framework schema）（Uschold and Gruninger，2004），OIL（ontology internet language）（Fensel et al.，2000；Horrocks，2002），DAML（DARPA agent markup language），DAML+OIL（DARPA agent markup language with ontology inference layer）（McGuinness et al.，2002）以及 OWL（web ontology language）（McGuinness and Van Harmelen，2004）。

基于 Web 的本体标记语言，都是伴随着 Internet 的逐渐发展和本体理论研究的不断深入开发出来的，是目前本体语言研究的热点，以下对几种典型的基于 Web 的本体语言进行介绍。

（1）SHOE

SHOE 是由马里兰大学开发，基于框架和规则，作为 HTML 的扩展。SHOE 开始是在 HTML 的基础上增加了一些标记，以实现在 HTML 中插入本体，但当 XML 出现后，其语法修改为基于 XML 基础。马里兰大学目前已经停止 SHOE 的研究，并转向 OWL 和 DAML+OIL 的研究（龚资，2007）。

（2）XML、XML-S

XML 提供了一种数据编码的方法，通过 XML 可以在计算机之间解析不同的类型数据，实现对结构化文档的描述，但 XML 对文档缺乏语义约束。XML-S 则可用来确定 XML 文档的结构，但 XML-S 不能表示元素的具体含义以及元

①参见 Loom Project Home Page 网页，网址为 http://www.isi.edu/isd/Loom/LOOM-HOME.html [2019-2-1]

素之间的语义联系，因此，利用 XML-S 描述的数据缺乏语义信息。

（3）OML

OML 是由美国华盛顿大学开发，部分基于 SHOE。最初，OML 被作为 SHOE 的 XML 顺序化，因此 OML 和 SHOE 具有很多共同的特征。OML 存在 4 个不同层次：OML 核心（OML core），关联到语言的逻辑方面，其余的层都将包含它；简单的 OML（simple OML），直接映射到 RDF（RDF-S）；简化的 OML（abbreviated OML），包括概念上的图表特征；标准的 OML（standard OML），是 OML 中最具表现力的版本。目前只用通用的 XML 编辑器工具就可以编辑 OML 本体。

（4）XOL

XOL 是由斯坦福国际研究院（SRI International）开发的一种本体语言，以实现在不同的数据库、开发工具之间进行本体交换。XOL 提供了简单而通用的本体定义方法。最初，XOL 是专门为生物信息学领域本体定义而设计，但后来也被应用于其他领域。目前，XOL 已经演变成为 XML 和 RDF-S 本体语言（陈建，2006）。

（5）RDF、RDF-S

RDF 资源描述框架是 W3C 推荐的一种标准，用来表示资源信息。RDF 的核心思想是使用统一资源标识符来描述资源。RDF 采用了包括资源（resources）、属性（properties）和声明（statements）三个基本要素的简单模型来表示数据，可以方便地描述资源及其关系。RDF-S 是描述 RDF 资源的属性和类的词汇表，可以提供属性和类的层次结构语义，但 RDF-S 对资源的描述仍不够详细。

（6）OIL

OIL 将框架系统、描述逻辑和 Web 标准的优点结合起来。①基于框架的系统：类（框架）和属性（槽）是基于框架的语言的中心建模元语。②描述逻辑（DL）：概念（类或框架）和角色（槽）描述逻辑用来描述知识。③互联网标准：即 W3C 的 XML 和 RDF 标准，OIL 的语法均源自这类标准。OIL 把基于框架的方法中普遍使用的原始建模应用于本体基元建模，实现了通过描述逻辑来表达形式化的语义并以此提供有效的推理支持。

（7）DAML

DAML 是美国国防高级设计研究组（DARPA）联合 W3C 组织所创建的一种标记语言。它对 RDF 进行了扩展，增加了更复杂的概念、属性等定义。通过语义知识和自治行为，DAML 拥有处理大量数据的能力。DAML 包括了一种查询语言类型，具有查找和处理相关信息的特殊功能，可以在网络站点之间创建更高级别的协同。

（8）DAML+OIL

在 DAML 的基础上，美国和欧盟的联合研究委员会共同开发了 DAML+OIL。DAML+OIL 是由 DAML 和 OIL 综合发展出来的，是专门用于在语义 Web 环境下描述领域结构的语义本体语言。DAML+OIL 采用面向对象的设计方法，利用概念和属性来描述域的结构，用公理来声明概念及其属性的特征等（周栩，2011）。DAML+OIL 延伸了 RDF 的语法，其语言更为复杂。DAML+OIL 同时也提供描述资源间的关系及限制的规则，所以机器不仅可以理解 DAML+OIL 表示的本体，也可以对其进行推理。

（9）OWL

OWL（Web ontology language）是 W3C 开发的一种网络本体语言，用于对本体进行语义描述。它在 RDF 和 RDF-S 的基础上改进而来，具有更加强大的概念、概念之间关系和属性的描述能力。具体来讲，OWL 采用面向对象的思想来表达领域内的知识，即通过类和属性来描述对象，并利用公理来描述概念和属性的特征与关系，同时 OWL 具有良好的兼容性、强大的语义表达能力和基于描述逻辑（DL，description logic）的推理能力。针对不同的需求，OWL 提供了 OWL Lite、OWL LD 和 OWL Full 三种表达能力依次增强的子语言供用户选择（表6-4）。

表 6-4　OWL 子语言详细描述

子语言	描述	例子
OWL Lite	提供给那些只需要一个分类层次和简单的属性约束的用户	支持基数（cardinality），只允许基数为 0 或 1
OWL LD	支持那些需要在推理系统上进行最大程度表达的用户，推理系统能够保证计算完全性（即所有结论都能够保证被计算出来）和可决定性（即所有的计算都在有限的时间内完成）	当一个类可以是多个类的一个子类时，它被约束不能是另外一个类的实例
OWL Full	支持那些需要在没有计算保证的语法自由的 RDF 上进行最大程度表达的用户	一个类可以被同时表达为许多个体的一个集合以及这个集合中的一个个体

OWL 中用来对建模原语进行描述的语言要素如表 6-5 所示，主要有 13 大类 49 条。这些词条主要是对概念（类）、属性、关系、公理等进行定义的，还有部分内容是对版本信息和注解说明进行相关阐述。

表 6-5　OWL 构成要素

分类	词条	说明
RDF-S 特性	Class（Thing，Nothing）/ subClassOf	Class 与 subClassOf 一起定义类层次，有一个内置的公共类 Thing
	Property/ subPropertyOf	表达了属性之间的内部关系，Property 与 subPropertyOf 定义了属性之间的层次关系
	Domain/ range	一个 Property（对应相应的 individual）可能的取值范围或集合
	Individual	Class 的实例
等价/不等价特性	equivalentClass/ equivalentProperty/ sameIndividualAs	定义意义相同的类/属性/实例
	differentFrom/ allDifferent	主要定义 individual 之间的两两不同
属性特征	inverseOf/ TransitiveProperty/ SymmetricProperty/ FunctionalProperty/ InverseFunctionalProperty	定义属性的翻转、传递、对称、唯一性等
	ObjectProperty/ DatatypeProperty	
属性类型约束	Restriction/onProperty/ allValesFrom/ someValuesFrom	定义属性的取值受到 Class 的约束

续表

分类	词条	说明
受限基数	minCardinality/ maxCardinality/ cardinality	
类的交集	intersectionOf	允许 Class 与约束之间存在交集
类的公理	oneOf/ disjointWith	Class 通过 individual 的枚举来进行描述
拥有属性值	hasValue	property 有一个特定的 individual 作为值
类的布尔操作	unionOf/ intersectionOf/ complementOf	允许 class 之间任意的布尔连接
头信息	Ontology	完成了命名空间的定义
	Imports	
版本信息	VersionInfo/priorVersion/backwardCompatibleWith/ incompatibleDeprecatedClass/DeprecatedProperty	
注解属性	Label/comment/seeAlso/isDefinedBy/ AnnotionProperty/OntologyProperty	
数据类型	Xsd datatypes	

W3C 将 Web 环境下的本体语言构成了一个"栈"（图 6-4），在这个栈中，OWL 位于最上层。由于 OWL 既有丰富的语义表达能力，又适合网络环境下的信息交换，因而成为 W3C 推荐的本体描述语言的标准。

6.1.3　本体的构建工具

本体的构建是一项庞大的知识工程，在构建的过程中不仅涉及领域的专业知识，而且还涉及本体的一致性、完整性和本体展示等问题，加之形式化的本体描述语言虽然容易被计算机理解，但却不利于人类的理解，因此，通常情况下本体是由领域专家和专业人员来构建的。但即便如此，直接通过人工编辑的

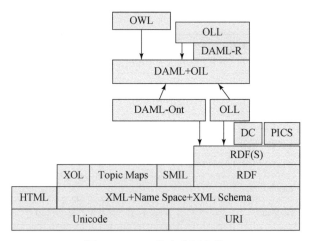

图 6-4　W3C 的本体语言栈

方法来构建本体仍然容易出错而且效率低下，因此，为了降低本体构建的复杂度和难度，提高本体构建的效率，迫切需要一种具有对本体进行构建、编辑、维护、调试等功能的本体构建辅助软件系统。

本体构建工具应具有以下几项功能：提供本体构建的元语；可以将自然语言表达的本体转换为计算机可读的格式；提供规范的格式，使得不同系统间的本体可以相互导入和输出；提供形式化的本体描述语言，使得本体能够直接被计算机存储、加工、利用，并且能够在不同系统之间互操作（陈建，2006）。目前，已有多种本体的描述语言和构建工具出现，如 Apollo、LinkFactory、OilEd、OntoEdit、Ontolingua、OntoSaurus、OpenKnoME、Protege、WebODE、KAON、WebOnto 等（Corcho and Fernández-López，2003；韩婕和向阳光，2007；徐国虎和许芳，2006；刘宇松，2009），表 6-6 对几种主要的本体构建工具进行了简要介绍。

表 6-6　几种主要的本体构建工具

名称	开发者	概况
OntoEdit	德国卡尔斯鲁厄大学 AIFB 研究所	一个分层构建本体的工作平台，提供图形手段来进行本体的开发与维护。OntoEdit 将本体的开发方法论与推理能力相结合，支持本体推理的多重继承性，提供不相交、对称和传递等基本公理

续表

名称	开发者	概况
OilEd	曼彻斯特大学计算机科学系	结合了框架表示和描述逻辑表示两者的共同长处，提供通过 DAML+OIL 构建本体的功能
OntoSaurus	南加州大学信息科学研究室（ISI）	由两个部分模块组成：本体服务器和本体浏览器。前者使用 Loom 作为知识表示的工具；后者提供对 Loom 知识库进行浏览和编辑功能，能够动态创建包括图片和文本的网页用于展示本体层次
Ontolingua	斯坦福知识系统人工智能实验室	该本体编辑工具提供了一种分布式协作的环境，使得用户可以构建、浏览、编辑和使用本体
WebOnto	英国 Open University	一个基于 OCML 的知识模型。WebOnto 提供了多重继承、锁机制，能够用户合作地浏览、创建和编辑本体。WebOnto 暂时不具备 OCML 文件导出功能，任何用户一次只能对一个本体进行编辑
WebODE	马德里技术大学	基于 Methontology 本体构建方法论而建立，支持本体开发过程中的大多数行为的本体构建工具
KAON	德国卡尔斯鲁厄大学	一个开源的以商业应用为目的本体管理基础构件,包括创建本体和管理本体的工具套件，提供了建立基于本体应用的框架。KAON 一个重要特点是它的可伸缩性和对本体的有效推理
Protégé	斯坦福大学医学院的医学情报学研究组	采用 Java 开发出来的一个本体编辑器,其界面风格与普通应用程序的相同，比较易于用户学习和使用。Protégé 以树形层次目录结构显示本体，用户直接点击相应的项目就可以实现对概念、属性、实例等本体元素的编辑。Protégé 使得用户只需要在概念层次上就可以设计领域模型，而无须关心具体的本体描述语言

资料来源：Sure et al.，2002；Bechhofer et al.，2001；Swartout et al.，1996；Farquhar et al.，1997；Domingue et al.，1999；Arpírez et al.，2001；Bozsak et al.，2002；Eriksson et al.，1999

在所有本体构建工具中，Protégé 是目前最为流行的一种。Protégé 除具有前述的特性外，还支持 XML，RDF（RDF-S），OIL，DAML，OWL 等多种本体语言，并提供不同格式的本体描述转换，其网站注册用户数量多达数万，同时还有大量的技术文档。

6.2 地理空间数据本体构建的总体方法

综合上述对典型本体构建方法的优缺点对比分析，并结合地理空间数据的主要特征，地理空间数据本体的总体框架以及本体构建应遵循的基本原则，同时兼顾地球科学不断发展所带来的地理空间数据本体不断更新的需求，在吸收斯坦福大学医学院提出的七步法和模块化开发方法（见本书 6.3 节）优点的基础之上，提出如图 6-5 所示的地理空间数据本体构建的总体方法。

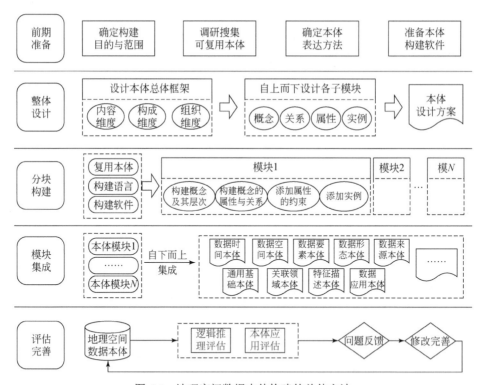

图 6-5   地理空间数据本体构建的总体方法

地理空间数据本体的构建总体上分为前期准备、整体设计、分块构建、模块集成和评估完善 5 个步骤，具体如下。

|第6章| 地理空间数据本体的构建方法

1. 前期准备

首先，需要确定本体构建的目的与范围，以限定本体构建的内容与边界。地理空间数据本体的构建目的是为了建立地理空间数据的语义模型，为构建地理空间数据语义描述、数据之间的语义关系和数据发现等相关应用提供支撑。地理空间数据本体的构建范围主要包括 3 个方面：地理空间数据特征的概念以及概念之间的相互关系、支撑这些概念和关系表达的其他相关概念及概念之间的关系、地理空间数据特征在应用中的相关概念以及概念之间的关系。其中，地理空间数据特征的概念以及概念之间的相互关系是地理空间数据本体的核心。

其次，是调研国内的本体库，为地理空间数据本体的设计、构造提供参考或借鉴。对知网（WordNet）、地理数据库（GeoNames）、地球与环境术语语义网（Semantic Web for Earth and Environmental Terminology，SWEET）等著名语义库进行分析，基本情况见本书第 1 章相关内容。通过对以上本体库的研究为地理空间数据本体的设计、构造积累了重要经验。

最后，需要确定本体的表达方法以及构建工具，重点是要确定一种人和机器都理解的本体的形式化表达语言和性能优良的本体构建软件。在本体表示语言方面，由于 W3C 推荐的语义网本体描述语言 OWL 较其他语言具有更强大的语义表达能力，以及在本体构建方面的应用较其他语言更加广泛，因此，采用 OWL 语言来表达地理空间数据本体。在本体构建软件方面，由于斯坦福大学研发的开源本体构建工具 Protégé 无论是在用户数量方面，还是在对本体语言的支持种类、语义逻辑推理支持能力、软件易用性和稳定性等方面都较其他软件领先，因此，采用 Protégé 软件来辅助构建地理空间数据本体。

2. 整体设计

首先，开展总体设计，按照本体构建的内容与边界、定义与内涵自上而下设计出本体的总体框架。本书第 3 章系统地分析了地理空间数据的特征，并在总结现有本体定义、分类、逻辑构成等基本理论的基础上，指出了地理空间数据本体的定义与内涵，并提出了如何设计地理空间数据本体的三维（内容维度、构成维度、组织维度）模型总体框架，提出了地理空间数据本体的概念及关系体系，重点指出如何设计地理空间数据本体时间、空间、要素、形态和来源方面的概念体系及其各自的相互关系。这些内容对后续构建地理空间数据本体提供了重要指导。

其次，开展模块设计，遵循"高内聚"和"低耦合"的划分准则，在总体设计的框架下进一步分解，建立出地理空间数据本体的概念层次结构与模块层级结构之间的映射关系，并考虑不同模块之间的关联关系，从而完成地理空间数据来源本体的模块划分。进一步详细设计每个模块的概念、属性、关系、实例等内容。本体模块设计的标准化方法，具体见本书 6.2 节第 3 小节内容。

最后，梳理和总结所有设计成果并形成相应的文档，即本体的整体设计方案，指导和规范后续的本体构建、评估和完善等。

3. 分块构建

分块构建采用已经确定的本体构建语言（OWL）和工具（Protégé）构建设计好的各个本体模块。在具体构建前应该注意的是，尽可能地考虑复用在前期准备阶段调研搜集到的本体库，对于符合要求的本体可以将其导入集成，实现已有本体内容的重用，以减少地理空间数据本体构建工作量并提高构建效率。

分块构建可以分为草建、成型和提升 3 个阶段。

草建阶段包括：①依据设计好的方案依次添加概念、属性和关系；②按照从上到下、逐步细化、层次展开的方法，指定概念之间的层次关系；③概念的属性主要分为数据属性（属性）和对象属性（关系）两种，依次指定概念的属性和概念之间的关系；④指定关系和属性的定义域、值域以及相关约束。

成型阶段包括：①添加实例，在概念的层次结构中，对地理空间数据本体最后一层概念逐个添加个体；②为个体添加反映其独有特征的具体属性值；③补充实例之间的具体关系。

提升阶段包括：①为加强所构造本体的语义推理基础，继续添加必要的公理和推理规则；②检查逻辑一致性，构建本体是一项复杂、严谨和系统性的工程，本体设计方案的不完善、构造时的无意识失误等原因都可能导致构造的本体存在逻辑不一致的问题，这将会严重影响到今后本体的应用，只有先确保每个本体模块逻辑一致才能够实现最终本体的逻辑一致性。具体方法例如，启动

Protégé 软件打开本体模块，执行软件的本体推理功能，根据提示对出现的问题做相应修改完善。

4.模块集成

正如前文所述，地理空间数据本体是由一系列本体构成的、系统的、完整的、有层次的和相互关联的体系，模块化的本体构建方法可分为自上而下的本体设计和分解以及自下而上的本体构建和集成两个过程。在前面已经完成本体分块构建的基础上，将各个子模块所构建的本体文件，逐个集成为一个高级的领域本体文件，从而初步形成完整的地理空间数据本体。

5.评估完善

本体的构建是一项复杂的工作，不可能一蹴而就毕其功于一役当本体构建到一定成熟度时，本体中存在的问题基本无法通过主观经验检查发现，而只有在应用实践的过程中才可能被发现，这时需要具体情况具体分析，针对本体存在的问题进行相应的修改，不断完善本体构建成果。

6.3　地理空间数据本体构建的基本方法

6.3.1　模块化方法

地理空间数据本体构建及更新中存在的两个方面的问题。一方面，地理空间数据本体是一套庞大且复杂的本体，一个较大的本体库通常会有大量的概念及关系，将所有概念及关系全部构建在一个本体文件中，必然造成局部出现错误而导致整体失败的风险。因此，如何降低地理空间数据本体中局部错误的影响并降低纠正错误的成本成为一大问题。另一方面，地球科学的迅速发展使得地学信息及知识的不断完善、增加以及扩展，因而地理空间数据本体需要不断更新，以实现"与时俱进、恰如其分"地表达不断动态变化的地理空间数据特征的效果，因而如何遵循本体构建的最大单调扩展性原则，提高本体库更新的灵活性和便捷性，避免出现地理空间数据本体大范围重构的情况以减低本体更新的成本成为另外一大问题。

　　将模块化的开发方法引入到地理空间数据本体的构建当中能够较好地解决以上问题。模块化的开发方法是将一个需要构建的领域本体拆分成多个相互关联的"子模块"，对各个子模块单独进行本体构建，然后将各个子模块所构建出的本体文件进行逆向还原集成，并最终形成一个完整的且包含多个子模块的领域本体（林松涛，2006）。模块化的本体构建方法可分为自上而下的本体设计、分解以及自下而上的本体构建及集成两个过程。模块化的本体构建方法其优势在于本体因局部错误或者描述对象发生变化需要更新时，不需要对整个本体进行大幅度改动，只需单独对某一个或某几个子模块中的内容进行扩展或修正，能够大大地减少工作量。

　　基于模块化方法构建地理空间数据本体的直接体现是，将地理空间数据本体分为集成本体、表示本体、关系本体和实例本体等若干层次，每个层次的内容由不同模块的本体文件构成。其中，集成本体文件表明该文件引用相关本体文件集合形成的本体库；表示本体文件表明该文件描述本体的核心（顶层）概念、相应实例；关系本体文件表明该文件描述概念的属性（数据属性、对象属性等）；实例本体文件表明该文件描述本体的末端（底层）概念、相应实例、实例的属性。

6.3.2　标准化方法

　　标准化方法可以用来预先设计好本体，形成相应的本体设计说明书，用以指导本体构建，提高本体构建的规范性和效率。

　　集成本体文件会需要引用其他本体文件，在其他层次的本体文件，有可能也会涉及文件引用，在此条件下，设计时需要填写文件引用表（表6-7）。

表 6-7　文件引用表

序号	引用文件名	文件描述	前缀 URL	前缀缩写

　　文件引用表中引用文件名称表示本体文件名；文件描述说明该本体文件的内容；前缀 URL 描述在 Protégé 中构建时，本体文件的 URL；前缀缩写是在

Protégé 中本体文件 URL 的前缀缩写（Ontology prefixes）。

针对需要构建的概念，设计填写概念及属性表（表 6-8）。

表 6-8　概念及属性表

序号	概念	直接父概念	等价概念	互斥概念	对象属性	对象属性类型	数据属性	数据属性类型

概念及属性表中"概念"列为概念的名字；"直接父概念"为其上一级概念的名字；"等价概念"为与其含义相同的概念，在 Protégé 中体现为等价关系；"互斥概念"表示两个概念的含义没有交集，在 Protégé 中表现为互斥关系；"对象属性"和"数据属性"为概念的属性。

针对需要构建的关系，设计填写关系表（表 6-9）。

表 6-9　关系表

序号	关系	直接父关系	等价关系	互斥关系	关系约束	定义域	值域

关系表中"关系"列为关系的名字；"直接父关系"为其上一级关系的名字；"等价关系"和"互斥关系"为与之存在等价或互斥等关系的关系名字；"定义域"描述其有效边界；"值域"描述该属性的取值类型或范围。

实例本体只存储末端概念及相应实例，设计填写实例表（表 6-10）。

表 6-10　实例表

序号	实例	直接所属概念	等价实例	互斥实例	对象属性	对象属性值	数据属性	数据属性值

实例表中"实例"列为实例的名字；"直接所属概念"为该实例所属的末端概念；"等价实例"和"互斥实例"描述与该实例有等价或互斥关系的实例；"对象属性"和"数据属性"为该实例的属性，对于实例，其属性应该实例化，也就是会有"对象属性值"或"数据属性值"。

6.3.3　高内聚低耦合

在地理空间数据本体的实际应用中，不少子本体具有通用性，能够被多个本体引用和集成。为了降低本体的冗余，同时便于本体的复用，遵循"高内聚"和"低耦合"的原则构建地理空间数据本体。将根据概念和属性的层级进行子本体的分层构建，相对单一或领域关联性强的内容"内聚"为单独的模块，相对复杂或领域关联性弱的内容拆分为多个模块并集成成为整体，从而降低"耦合"。

以"河流与中国行政区划集成本体"构造为例，说明高内聚低耦合方法在地理空间数据本体构建中的应用，如图 6-6 所示。

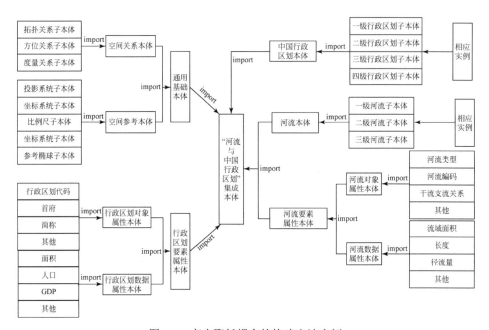

图 6-6　高内聚低耦合的构建方法实例

根据"河流"与"中国行政区划"中分别设计的相关概念和属性层级，构建相应的子本体群；然后根据需要将涉及的中国行政区划本体、河流本体、空间通用本体、行政区划要素本体、河流要素本体等符合要求的子本体进行集成，以形成"河流与中国行政区划集成本体"。基于此本体可以进行河流与行政区划之间的语义关联研究。

如果只需要研究"河流与省之间的关系"则只需要抽取"中国行政区划本体"中的"一级行政区划子本体"和"河流本体"以及相应的要素本体，然后进行推理分析即可。类似地，研究人员可以根据实际需要从地理空间数据本体中抽取相应的子本体进行集成以进行相应的语义关联，这样既便于对所构建的本体进行管理更新，又避免了本体应用中的冗余。

第 7 章　地理空间数据本体的构建实现

由于地理空间数据本体是非常庞大且复杂的体系，依据前述的地理空间数据本体概念及关系体系和本体构建方法，对地理空间数据时间本体、空间本体、要素本体、形态本体和来源本体重点内容进行构建实现，本章内容对这些本体的构建实现过程和主要构建成果加以阐述。

7.1　地理空间数据时间本体构建

7.1.1　基础时间本体构建

依据前述时间本体概念及关系体系和构建方法，构建实现了时间本体（图 7-1、图 7-2、图 7-3），添加了时区、月表示、日表示、小时表示、分钟表

图 7-1　使用 Protégé 构建时间本体

示、秒表示、季度表示等重要的实例，构建了实例之间的基本拓扑关系。通过对拓扑关系指定传递性、互斥等约束，使时间本体具备支持基本语义逻辑推理的能力。

```
<owl:ObjectProperty rdf:about="&TimeAll;#时间根关系"/>
<rdf:Description rdf:about="http://www.GeoDataOnt.cn/Base/Time/TimeProp#日期时间描述关系">
    <rdfs:subPropertyOf rdf:resource="&TimeAll;#时间根关系"/>
</rdf:Description>
<rdf:Description rdf:about="http://www.GeoDataOnt.cn/Base/Time/TimeRela#时间拓扑关系">
    <rdfs:subPropertyOf rdf:resource="&TimeAll;#时间根关系"/>
</rdf:Description>
<rdf:Description rdf:about="http://www.GeoDataOnt.cn/Base/Time/TimeReprZone#时区表示关系">
    <rdfs:subPropertyOf rdf:resource="&TimeAll;#时间根关系"/>
</rdf:Description>
<owl:DatatypeProperty rdf:about="&TimeAll;#时间根属性"/>
<rdf:Description rdf:about="http://www.GeoDataOnt.cn/Base/Time/TimeProp#日期时间描述属性">
    <rdfs:subPropertyOf rdf:resource="&TimeAll;#时间根属性"/>
</rdf:Description>
<rdf:Description rdf:about="http://www.GeoDataOnt.cn/Base/Time/TimeReprZone#时区表示属性">
    <rdfs:subPropertyOf rdf:resource="&TimeAll;#时间根属性"/>
</rdf:Description>
<owl:Class rdf:about="&TimeAll;#时间根概念"/>
<rdf:Description rdf:about="&TimeRepr;时间实体">
    <rdfs:subClassOf rdf:resource="&TimeAll;#时间根概念"/>
</rdf:Description>
```

图 7-2　时间本体部分 OWL 描述

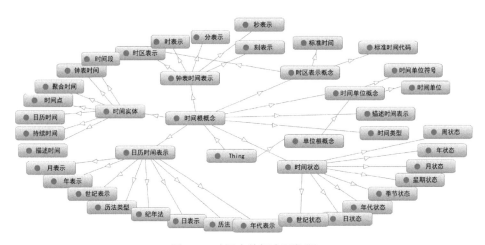

图 7-3　时间本体概念网络图

7.1.2 地质年代本体构建

地学时间（地质年代）包括时间点（如古生物始现时间）和时间段（如新生代）两种类型，具有多尺度性、波动性（周期性）、不确定性等多种时间特征和相离、相交等多种时间关系。同位素地质定年是确定时间点对象时间坐标的主要方法；而时间段对象开始和结束时间坐标的确定，则需要在对古生物化石、沉积岩层、地磁极性转换记录等进行综合分析的基础上判定。在地层学研究中，时间维是基础，为地质作用、地质过程和地质产物建立时间坐标是地层学的核心任务（龚一鸣和张克信，2007）。而时间对比准确的地层又是其他研究地学现象和过程的学科如沉积学、构造地质学、古地理学、古生物学和大气科学、海洋科学等的基础。国际公认的地层剖面点位和地质年代时间则通过 GSSP（global stratotype section and point，全球界线层型剖面与点位）确定。

以通用时间本体为基础，为地质年代本体中时间关系、属性描述等提供基本的谓词、概念定义等内容，针对地质年代时间概念建立地质年代本体模型结构，其结构如图 7-4 所示。

图 7-4 地质年代本体结构

其中，基础时间本体作为地质年代本体的基础层，为地质年代本体中时间关系、属性描述等提供基本的谓词、概念定义等内容。地质年代和全球界线层型剖面与点位（GSSP）作为本体的领域层，提供本体核心时间概念与属性，如宙、代、纪等及其时间顺序和时间坐标、标准剖面地理坐标等属性。地层单位，如年代地层和生物地层等作为应用层，是本体面向更广泛的地理空间数据应用服务的关键内容。地质年代本体各模块基本定义如表 7-1 所示。

表 7-1 地质年代本体模块定义

模块名称	缩写	主要内容	代表性实例	主要属性
中国地质年代	CGS	中国全国地层委员会确定的地质年代划分	更新世、周口店期	对应年代地层、对应国际地质年代
国际地质年代	IGS	国际地层委员会确定的地质年代划分	瓜德鲁普世、卡拉布里雅期	对应年代地层、对应中国地质年代
全球界线层型剖面与点位	GSSP	国际地层委员会确定的作为两个年代地层单位之间界线的定义和识别标准的专有标志点	Tortonian、Messinian	地质年龄误差、状态、经度、纬度、地理位置
中国年代地层	CCS	在特定地质时间间隔内形成的岩石体。其顶底界线都是以等时面为界的	阳新统、周口店阶	标准 RGB 颜色、地质年龄、符号、岩性特征
国际年代地层	ICS	国际地层委员会确定的年代地层划分	Guadalupian、Calabrian	标准 RGB 颜色、地质年龄、符号、岩性特征
中国岩石地层	CLS	根据地壳中岩石的特征和相互关系组织成的地层单位	上湖组、热河群、绒布寺冰碛层	特点、正层型、分布
中国事件地层	CES	利用能在地层中留下某种印记并可被识别的较大范围分布的等时地质事件划分的对比地层	加里东运动、三叶虫首现	事件发生年代、事件发生区域、事件标志物
中国生物地层	CBS	将岩层根据地层中所含化石的特性编制成的若干地层单元	*Claraia aurita* 富集带、*Hindeodus parvus* 谱系带	标准化石、包含生物种类

资料来源：侯志伟等，2018

　　由本体定义可知，领域内共享概念的形式化表达是本体的核心。而概念（concept）是由内涵与外延两方面构成的对事物本质属性的反映。其中，概念的内涵指概念所反映的事物的本质属性的总和。概念的外延指该概念所反映的本质属性的一切事物。同时，概念以词来表示，但并不等同于词。因此，将概念用一个词和一组结构化的属性组表示，是实现概念形式化表达的有效途径（李霖等,2008)。其中,属性又可分为以文本、浮点数等数据类型作为值域的数据属性(data property),和以其他类为值域的对象属性(object property)两种。数据属性又可简称属性(property 或 attribute),对象属性又称为关系(relation)。

依据上述定义,抽取地质年代本体模型各主要概念术语,分析概念的内涵与外延,即概念的属性和概念间关系,可形成地质年代本体概念语义表达如图 7-5 所示。其中同位素测年与地层剖面是地层单位属性描述的辅助属性。此外,为便于与已有地质年代本体结合,采用通用的 SKOS 的 label 注释结合 xml:lang 来表示不同语言的概念术语,如"寒武纪"的英文术语可采用<skos:prefLabel xml:lang="en">Cambrian Period</skos:prefLabel>来表达;类似地,日文术语则采用<skos:prefLabel xml:lang="ja">カンブリア紀</skos:prefLabel>表达。

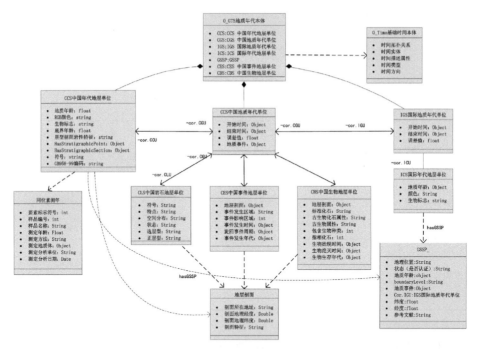

图 7-5　地质年代本体模型概念语义示意

按照上述地质年代本体模型概念语义构建实现了地质年代本体,并添加了相应的实例及其起止时间属性值,通过引用前述基础时间本体,进一步构建了地质年代本体实例之间的具体拓扑关系,同时这也使得地质年代本体具备支持语义逻辑推理的能力,如图 7-6 所示。

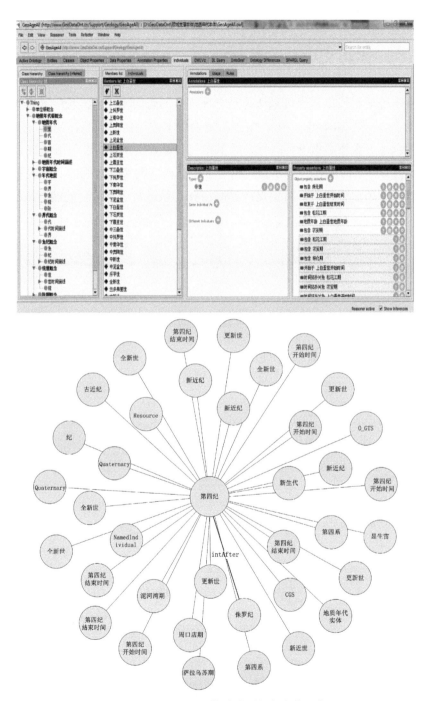

图 7-6 使用 Protégé 构建地质年代本体示意

7.1.3　中国历史朝代本体构建

中国历史朝代本体也可以认为是一种特殊的时间本体，以下介绍其构建实现（图 7-7、图 7-8、图 7-9）。中国历史朝代本体构建了国家、朝代、年号、都城和领袖五大核心概念，同时添加了相应的重要实例，通过引用计量单位本体、数值本体、时间本体等本体，构建了核心概念的实例之间的具体关系，这也使得中国历史朝代本体具备支持时间拓扑关系语义逻辑推理的能力。

图 7-7　使用 Protégé 构建中国历史朝代本体示意

```
<owl:ObjectProperty rdf:about="&DynaCNAll;中国历史朝代根关系"/>
<rdf:Description rdf:about="&DynaCNProp;中国历史朝代描述关系">
    <rdfs:subPropertyOf rdf:resource="&DynaCNAll;中国历史朝代根关系"/>
</rdf:Description>
<owl:DatatypeProperty rdf:about="&DynaCNAll;中国历史朝代根属性"/>
<rdf:Description rdf:about="&DynaCNProp;中国历史朝代描述属性">
    <rdfs:subPropertyOf rdf:resource="&DynaCNAll;中国历史朝代根属性"/>
</rdf:Description>
<owl:Class rdf:about="&DynaCNAll;中国历史朝代根概念"/>
<rdf:Description rdf:about="http://www.GeoDataOnt.cn/Support/History/DynaCNReprCapital#都城概念">
    <rdfs:subClassOf rdf:resource="&DynaCNAll;中国历史朝代根概念"/>
</rdf:Description>
<rdf:Description rdf:about="http://www.GeoDataOnt.cn/Support/History/DynaCNReprDynasty#朝代概念">
    <rdfs:subClassOf rdf:resource="&DynaCNAll;中国历史朝代根概念"/>
</rdf:Description>
<rdf:Description rdf:about="http://www.GeoDataOnt.cn/Support/History/DynaCNReprEra#年号概念">
    <rdfs:subClassOf rdf:resource="&DynaCNAll;中国历史朝代根概念"/>
</rdf:Description>
```

图 7-8　中国历史朝代本体部分 OWL 描述

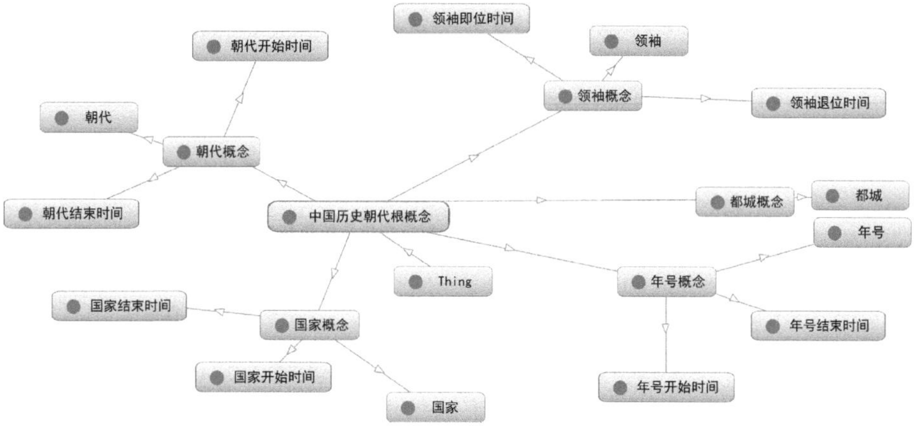

图 7-9　中国历史朝代本体概念网络图

7.2　地理空间数据空间本体构建

7.2.1　基础空间本体构建

依据前述空间本体概念及关系体系和构建方法,构建了空间本体(图 7-10、图 7-11),添加了空间几何类型、投影方式、坐标系统等概念及其实例,构建了空间拓扑关系、空间方向关系、空间距离关系等关系,通过指定这些关系的

图 7-10　使用 Protégé 构建空间本体示意

传递性、互斥性、自反性等约束，使得空间本体具备支持基本的空间关系语义逻辑推理能力。

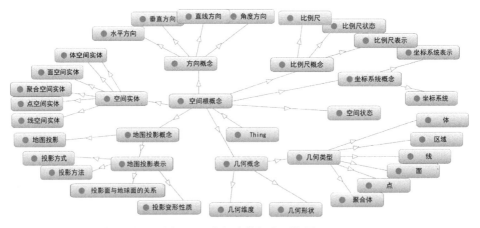

图 7-11　空间本体概念网络图

　　基础空间本体中构建的主要实例情况为，参考椭球概念下的相关实例主要有克拉索夫斯基椭球、WGS-84 参考椭球等。小比例尺主要有 1∶25 万、1∶50 万、1∶100 万等；中比例尺主要有 1∶2.5 万、1∶5 万、1∶10 万；大比例尺主要有 1∶500、1∶1000、1∶2000、1∶5000 和 1∶1 万。中国高程系统主要包括黄海高程系、1985 国家高程基准、大连零点等。维度系统包含二维系统、三维系统、多维系统等。平面坐标系统下有笛卡儿平面坐标系统、极坐标系统等实例；地理坐标系统下有北京 54、西安 80、国家 2000 和 WGS-84 等实例。地图投影按变形方式划分，有等积投影、等角投影和任意投影；按经纬网形状划分主要包括平面投影、圆锥投影、圆柱投影、伪圆锥投影等；按投影面与地球表面关系划分切投影、割投影；按投影轴与坐标轴关系划分为正轴投影、斜轴投影和横轴投影；常用的地图投影组合主要包括墨卡托投影（等角正切圆柱投影）、高斯-克吕格投影（等角横切圆柱投影）、UTM 投影（等角横轴割圆柱投影）、Lambert 投影（等角正轴割圆锥投影）等。

7.2.2　世界国家地区本体构建

　　从某种意义来讲，世界国家地区本体可以被是一种特殊的空间本体，以下

介绍其构建实现（图 7-12、图 7-13）。世界国家和地区本体构建了国家和地区
两个概念，并分别添加了 145 个国家和 34 个地区的实例。

图 7-12 使用 Protégé 构建世界国家和地区本体示意

```
<owl:NamedIndividual rdf:about="&DistrictWorReprCountry;东帝汶">
    <rdf:type rdf:resource="&DistrictWorReprCountry;国家"/>
</owl:NamedIndividual>
<owl:NamedIndividual rdf:about="&DistrictWorReprCountry;中华人民共和国">
    <rdf:type rdf:resource="&DistrictWorReprCountry;国家"/>
</owl:NamedIndividual>
<owl:NamedIndividual rdf:about="&DistrictWorReprCountry;丹麦">
    <rdf:type rdf:resource="&DistrictWorReprCountry;国家"/>
</owl:NamedIndividual>
<owl:NamedIndividual rdf:about="&DistrictWorReprCountry;乌克兰">
    <rdf:type rdf:resource="&DistrictWorReprCountry;国家"/>
</owl:NamedIndividual>
<owl:NamedIndividual rdf:about="&DistrictWorReprCountry;乌拉圭">
    <rdf:type rdf:resource="&DistrictWorReprCountry;国家"/>
</owl:NamedIndividual>
```

图 7-13 世界国家和地区本体部分 OWL 描述

7.2.3 中国行政区划本体构建

中国行政区划本体也可以被认为是一种特殊的空间本体，在地理空间数据

本体总体框架下细化设计，得出中国行政区划本体结构（图 7-14），并据此利用 Protégé 软件构建了中国行政区划本体（图 7-15、图 7-16、图 7-17）。

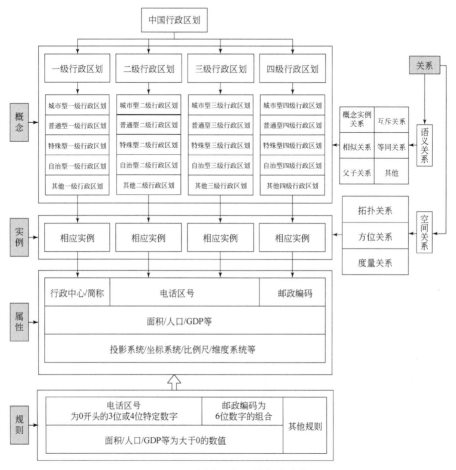

图 7-14 中国行政区划本体结构

构建的中国行政区划本体包括一级行政区划、二级行政区划、三级行政区划、四级行政区划行政区划代码等核心概念。通过研发的行政区划本体自动构建软件，利用详细到县的中国行政区划空间数据，为该本体添加了 2754 个各类行政区实例。此外，还通过引用前述空间本体的空间拓扑关系，构建了这些实例之间的包含、被包含、邻接等基本空间拓扑关系，同时，借助时间本体中对空间拓扑关系的传递性、互反性等约束，使得中国行政区划本体具备支持空间拓扑关系语义逻辑推理的能力。

图 7-15 使用 Protégé 构建中国行政区划本体示意

```
<owl:ObjectProperty rdf:about="&DynaCNAll;中国历史朝代根关系"/>
<rdf:Description rdf:about="&DynaCNProp;中国历史朝代描述关系">
    <rdfs:subPropertyOf rdf:resource="&DynaCNAll;中国历史朝代根关系"/>
</rdf:Description>
<owl:DatatypeProperty rdf:about="&DynaCNAll;中国历史朝代根属性"/>
<rdf:Description rdf:about="&DynaCNProp;中国历史朝代描述属性">
    <rdfs:subPropertyOf rdf:resource="&DynaCNAll;中国历史朝代根属性"/>
</rdf:Description>
<owl:Class rdf:about="&DynaCNAll;中国历史朝代根概念"/>
<rdf:Description rdf:about="http://www.GeoDataOnt.cn/Support/History/DynaCNReprCapital#都城概念">
    <rdfs:subClassOf rdf:resource="&DynaCNAll;中国历史朝代根概念"/>
</rdf:Description>
<rdf:Description rdf:about="http://www.GeoDataOnt.cn/Support/History/DynaCNReprDynasty#朝代概念">
    <rdfs:subClassOf rdf:resource="&DynaCNAll;中国历史朝代根概念"/>
</rdf:Description>
<rdf:Description rdf:about="http://www.GeoDataOnt.cn/Support/History/DynaCNReprEra#年号概念">
    <rdfs:subClassOf rdf:resource="&DynaCNAll;中国历史朝代根概念"/>
</rdf:Description>
```

图 7-16 中国行政区划本体部分 OWL 描述

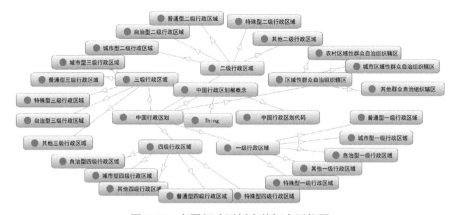

图 7-17 中国行政区划本体概念网络图

7.3 地理空间数据要素本体构建

7.3.1 陆地地形本体构建

陆地地形本体包含的内容较多，本小节重点介绍对高原本体、平原本体和盆地本体的构建实现（图 7-18、图 7-19、图 7-20）。构建的陆地地形本体包含高原、高原类型、平原、平原类型、平原级别、盆地和盆地类型七大概念，并分别添加了对应的实例，同时指定了实例之间的具体关系。同时，通过引用前述构建的中国行政区划本体和空间本体，构建高原、平原和盆地实例与行政区划实例之间的具体空间拓扑关系，使得陆地地形本体具备支持空间拓扑关系语义逻辑推理的能力。

图 7-18　使用 Protégé 构建陆地地形本体示意

```
<rdf:Description rdf:about="&BasinAll;盆地根关系">
    <rdfs:subPropertyOf rdf:resource="&LandTerrainAll;陆地地形根关系"/>
</rdf:Description>
<owl:ObjectProperty rdf:about="&LandTerrainAll;陆地地形根关系"/>
<rdf:Description rdf:about="&PlainAll;平原根关系">
    <rdfs:subPropertyOf rdf:resource="&LandTerrainAll;陆地地形根关系"/>
</rdf:Description>
<rdf:Description rdf:about="&PlateauAll;高原根关系">
    <rdfs:subPropertyOf rdf:resource="&LandTerrainAll;陆地地形根关系"/>
</rdf:Description>
<rdf:Description rdf:about="&BasinAll;盆地根属性">
    <rdfs:subPropertyOf rdf:resource="&LandTerrainAll;陆地地形根属性"/>
</rdf:Description>
<owl:DatatypeProperty rdf:about="&LandTerrainAll;陆地地形根属性"/>
<rdf:Description rdf:about="&PlainAll;平原根属性">
    <rdfs:subPropertyOf rdf:resource="&LandTerrainAll;陆地地形根属性"/>
</rdf:Description>
```

图 7-19　陆地地形本体部分 OWL 描述

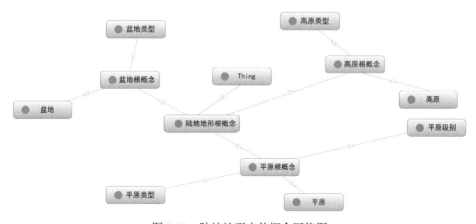

图 7-20　陆地地形本体概念网络图

7.3.2　陆地水系本体构建

陆地水系本体包含的内容非常多，本小节选取河流本体和湖泊本体重点进行构建实现（图 7-21、图 7-22、图 7-23）。构建的陆地水系本体包含河流、河流类型、湖泊、湖泊类型等五大概念，并分别添加了对应的实例，同时，通过引用前述构建的中国行政区划本体和空间本体，构建了河流与湖泊、河流与行政区划、湖泊与行政区划之间的空间拓扑关系，使得陆地水系本体具备支持空间拓扑关系语义逻辑推理的能力。

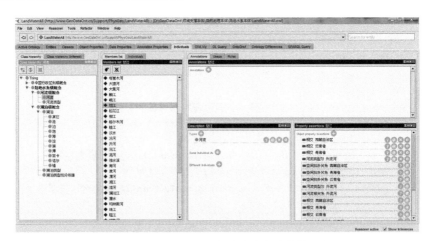

图 7-21　使用 Protégé 构建陆地水系本体示意

```
<rdf:Description·rdf:about="&LakeAll;湖泊根关系">
····<rdfs:subPropertyOf·rdf:resource="&LandWaterAll;陆地水系根关系"/>
</rdf:Description>
<owl:ObjectProperty·rdf:about="&LandWaterAll;陆地水系根关系"/>
<rdf:Description·rdf:about="&RiverAll;河流根关系">
····<rdfs:subPropertyOf·rdf:resource="&LandWaterAll;陆地水系根关系"/>
</rdf:Description>
<rdf:Description·rdf:about="&LakeAll;湖泊根属性">
····<rdfs:subPropertyOf·rdf:resource="&LandWaterAll;陆地水系根属性"/>
</rdf:Description>
<owl:DatatypeProperty·rdf:about="&LandWaterAll;陆地水系根属性"/>
<rdf:Description·rdf:about="&RiverAll;河流根属性">
····<rdfs:subPropertyOf·rdf:resource="&LandWaterAll;陆地水系根属性"/>
</rdf:Description>
<rdf:Description·rdf:about="&LakeAll;湖泊根概念">
····<rdfs:subClassOf·rdf:resource="&LandWaterAll;陆地水系根概念"/>
</rdf:Description>
```

图 7-22　陆地水系本体部分 OWL 描述

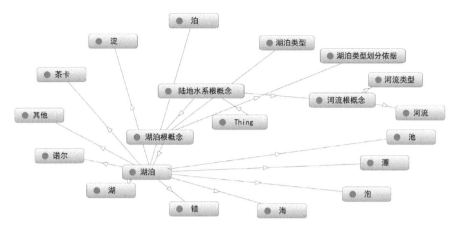

图 7-23　陆地地形本体概念网络图

7.3.3　海域本体构建

　　海域本体包含的内容非常多，本小节选取海本体、洋本体、海湾本体、海峡本体重点介绍其构建实现情况（图 7-24、图 7-25、图 7-26）。海域本体重点构建了海、洋、海湾、海峡等核心概念，并分别添加了对应的实例，进一步地，通过引用前述构建的世界国家地区本体和空间本体等本体，构建了海域本体实例与世界国家和地区之间的空间拓扑关系，使得海域本体具备支持空间拓扑关系语义逻辑推理的能力。

图 7-24　使用 Protégé 构建海域本体示意

```
<rdf:Description rdf:about="&BayAll;海湾根关系">
    <rdfs:subPropertyOf rdf:resource="&SeaFieldAll;海域根关系"/>
</rdf:Description>
<rdf:Description rdf:about="&ChannelAll;海峡根关系">
    <rdfs:subPropertyOf rdf:resource="&SeaFieldAll;海域根关系"/>
</rdf:Description>
<rdf:Description rdf:about="&OceanAll;洋根关系">
    <rdfs:subPropertyOf rdf:resource="&SeaFieldAll;海域根关系"/>
</rdf:Description>
<rdf:Description rdf:about="&SeaAll;海根关系">
    <rdfs:subPropertyOf rdf:resource="&SeaFieldAll;海域根关系"/>
</rdf:Description>
<owl:ObjectProperty rdf:about="&SeaFieldAll;海域根关系"/>
<rdf:Description rdf:about="&BayAll;海湾根属性">
    <rdfs:subPropertyOf rdf:resource="&SeaFieldAll;海域根属性"/>
</rdf:Description>
<rdf:Description rdf:about="&ChannelAll;海峡根属性">
    <rdfs:subPropertyOf rdf:resource="&SeaFieldAll;海域根属性"/>
</rdf:Description>
```

图 7-25　海域本体部分 OWL 描述

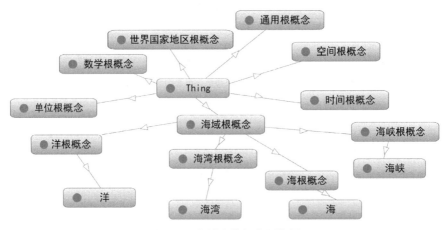

图 7-26　海域本体概念网络图

7.4　地理空间数据形态本体构建

依据前述地理空间数据形态本体概念及关系体系和构建方法,构建了地理空间数据形态本体(孙凯等,2016)。采用形态本体元素与 UML 类图元素映射的方式建模，建立的地理空间数据形态本体模型如图 7-27 所示，地理空间数据形态本体主要内容如表 7-2 所示。

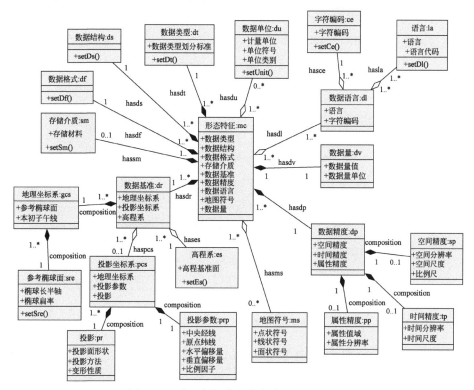

图 7-27 地理空间数据形态本体 UML 模型

表 7-2 地理空间数据形态本体主要内容

本体名称	主要概念	实例（示例）	关系（示例）
数据类型本体	数据类型、数据类型分类标准	图像、文件	类型包含
数据结构本体	栅格数据结构、矢量数据结构	四叉树、双重独立编码结构	
数据格式本体	数据格式	.png, .tif, .shp	格式相似、格式互逆
存储介质本体	存储介质、存储材料	硬盘、磁存储材料	存储材料为
比例尺本体	比例尺、比例尺等级	1：100 万，小比例尺	比例尺大于、小于
地理坐标系本体	地理坐标系、参考椭球面	WGS84 坐标系、WGS 84 椭球	坐标系可变换
投影坐标系本体	投影、投影面形状	高斯-克吕格投影、圆柱面	投影为、投影参数为
高程系本体	高程系	黄海高程系	
语言本体	语言、语言代码	中文、英文，chi、eng	语言代码为
计量单位本体	计量单位、计量单位符号	米、平方米，m、m^2	符号为、单位可换算

地理空间数据形态本体 UML 模型以及相应的主要内容，利用 Protégé 构建地理空间数据形态本体，具体为在 Classes 模块中添加形态特征概念以及概念之间的语义关系；在 ObjectProperties 和 DataProperties 中添加概念的对象属性和数据属性；在 Individuals 中添加概念的实例及其关系、属性和规则约束。从最底层子本体开始，"自下而上"逐级完善，最后通过 Protégé 的 imports 功能集成为总的形态本体（图 7-28、图 7-29）。

图 7-28　使用 Protégé 构建数据形态本体示意

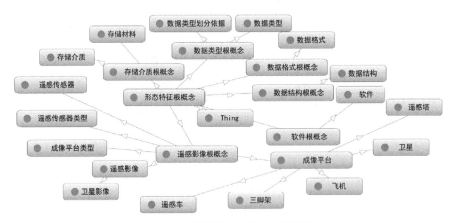

图 7-29　数据形态本体概念网络图

除上述本体外，地理空间数据的计量单位本体、数学本体、节日纪念日本体、重大历史事件本体、大洲及国际公有领域本体、典型区域本体、重要地名本体等的构建情况在此不做详细介绍。

7.5 地理空间数据来源本体构建

1. 来源本体模块化划分

按照"高内聚"和"低耦合"的原则,从层次维度、来源要素维度以及逻辑维度 3 个方面,对地理空间数据来源本体进行模块化划分(图 7-30)。从层次维度的角度将其分为基础通用本体和领域支撑本体。基础通用本体是对数据来源中通用概念、关系及属性等内容的描述,包括数据责任者本体、时间描述本体、空间描述本体、数据源本体、搭载平台本体等子模块;领域支撑本体侧

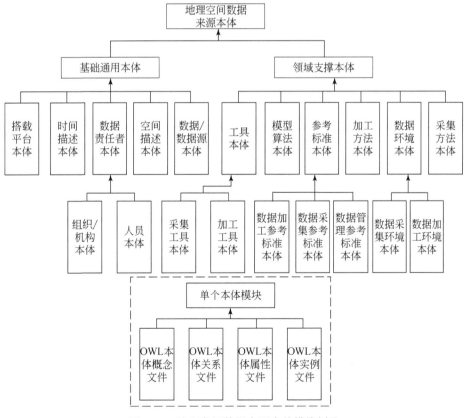

图 7-30 地理空间数据来源本体模块划分

重对来源特征的表达，包括模型算法本体、加工方法本体、采集方法本体、工具本体、数据环境本体以及参考标准本体等模块。从不同的逻辑层次维度将上述子模块分别按照概念、属性、关系、实例等内容构成单个 OWL 文件进行组织集成，以便实现完整的地理空间数据来源本体库的构建。

2. 来源本体概念构建

来源本体概念是构成来源本体的基本单元及其重要组成部分，是实现来源本体在来源信息抽取、标准化以及数据语义关联检索等应用中不可或缺的一类重要要素。首先在 Protégé 软件工具中找到"Class hierachy"模块，点击"Create a new OWLClass"按钮，然后按照不同的类与类的层级关系将所有概念逐一进行输入，即可完成来源本体概念的添加，从而形成以 OWL 本体描述语言为基础的地理空间数据来源本体概念库，图 7-31 为"数据源"这一层级的来源本体概念及概念层次的 OWL 代码示例。

```
<owl:Class rdf:about="http://www.semanticweb.org/living/ontologies/2016/11/untitled-ontology-23#观测数据">
<rdfs:subClassOf rdf:resource="http://www.semanticweb.org/living/ontologies/2016/11/untitled-ontology-23#数据源"/>
</owl:Class>

<owl:Class rdf:about="http://www.semanticweb.org/living/ontologies/2016/11/untitled-ontology-23#航空像片">
<rdfs:subClassOf rdf:resource="http://www.semanticweb.org/living/ontologies/2016/11/untitled-ontology-23#数据源"/>
</owl:Class>

<owl:Class rdf:about="http://www.semanticweb.org/living/ontologies/2016/11/untitled-ontology-23#卫星影像">
<rdfs:subClassOf rdf:resource="http://www.semanticweb.org/living/ontologies/2016/11/untitled-ontology-23#数据源"/>
</owl:Class>

<owl:Class rdf:about="http://www.semanticweb.org/living/ontologies/2016/11/untitled-ontology-23#地图数据">
<rdfs:subClassOf rdf:resource="http://www.semanticweb.org/living/ontologies/2016/11/untitled-ontology-23#数据源"/>
</owl:Class>

<owl:Class rdf:about="http://www.semanticweb.org/living/ontologies/2016/11/untitled-ontology-23#文本数据">
<rdfs:subClassOf rdf:resource="http://www.semanticweb.org/living/ontologies/2016/11/untitled-ontology-23#数据源"/>
</owl:Class>
```

图 7-31　本体概念及概念层次的 OWL 代码

3. 来源本体关系构建

来源本体关系是实现基于地理空间数据来源展开推理的基础。来源本体关系的建立在 Protégé 软件中由对象属性（ObjectProperty）表达，首先找到"ObjectProperty"模块，然后点击"Create a new OWL ObjectProperty"按钮，将表 5-12 中的核心关系一一逐步进行添加，即可完成来源本体关系的构建，图 7-32 为来源本体关系的 OWL 代码示例。

```
<owl:ObjectProperty rdf:about="http://www.semanticweb.org/living/ontologies/2016/11/untitled-ontology-23#引用">
    <owl:inverseOf rdf:resource="http://www.semanticweb.org/living/ontologies/2016/11/untitled-ontology-23#被引用"/>
    </owl:ObjectProperty>

<owl:ObjectProperty rdf:about="http://www.semanticweb.org/living/ontologies/2016/11/untitled-ontology-23#被使用">
    <owl:inverseOf rdf:resource="http://www.semanticweb.org/living/ontologies/2016/11/untitled-ontology-23#使用"/>
    </owl:ObjectProperty>
```

图 7-32 来源本体关系的 OWL 示例

4. 来源本体属性构建

来源本体属性是地理知识转化成定量数据的重要媒介，也是计算地理空间数据间语义相似度的基础，因此来源本体属性在来源本体中占据着极其重要的地位。来源本体的属性构建首先在 Protégé 软件工具中找到"Data property hierachy"模块，然后点击"Create a new OWL DataProperty"按钮，针对不同的概念进行属性的添加，即可完成来源本体属性的构建，图 7-33 为来源本体属性的 OWL 示例。

```
<owl:DatatypeProperty rdf:about="http://www.semanticweb.org/living/ontologies/2016/11/untitled-ontology-23#型号">
    </owl:DatatypeProperty>

<owl:DatatypeProperty rdf:about="http://www.semanticweb.org/living/ontologies/2016/11/untitled-ontology-23#工具版本">
    </owl:DatatypeProperty>

<owl:DatatypeProperty rdf:about="http://www.semanticweb.org/living/ontologies/2016/11/untitled-ontology-23#模拟精度">
    </owl:DatatypeProperty>
```

图 7-33 来源本体属性的 OWL 示例

5. 来源本体实例构建

来源本体实例的构建首先在 Protégé 软件工具中找到"Class hierachy"模块下，找到需要构建实例的相应的概念，然后在"Instances"模块中点击"Create a new NamedIndividual"按钮逐个加输入实例的名称，即可完成对来源本体实例的构建，图 7-34 为模型算法本体实例的 OWL 代码示例。

```
<owl:NamedIndividual rdf :about="http://www.semanticweb.org/living/ontologies/2018/1/untitled-ontology -34#变量聚类分析算法 ">
    <rdf:type rdf:resource="http://www.semanticweb.org/living/ontologies/2018/1/untitled-ontology -34#模型算法"/>
                    </owl:NamedIndividual >

<owl:NamedIndividual rdf :about="http://www.semanticweb.org/living/ontologies/2018/1/untitled-ontology -34#相似变换算法 ">
    <rdf:type rdf:resource="http://www.semanticweb.org/living/ontologies/2018/1/untitled-ontology -34#模型算法"/>
                    </owl:NamedIndividual >
```

图 7-34   来源本体实例 OWL 代码示例

6. 来源本体库展示

通过上述方法进行本体构建得到多个子模块所包含的零散 OWL 本体文件，在本体子模块构建完成之后，依据"自下而上"的原则，并使用 Protégé 工具的引用功能，将所有零散的文件进行关联、组织与集成，形成了最终的地理空间数据来源本体库，如图 7-35 所示。

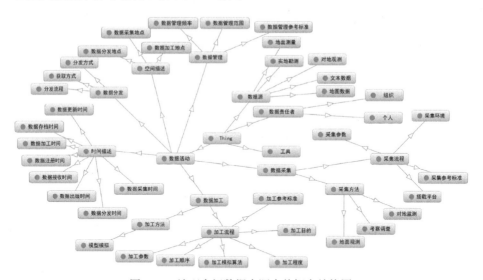

图 7-35   地理空间数据来源本体概念结构图

7.6   地理空间数据本体的集成

地理空间数据本体是由一系列本体构成的系统、完整、关联的本体体系，因此，地理空间数据本体的构建必然涉及本体的关联和集成的问题。从地理空间数据本体的研究中不难看出，地理空间数据本体总体上采用自上而下设计、自下而上构造的模块化方式构建，即地理空间数据本体采用从总体框架设计、总体概念及关系体系设计再到局部概念及关系体系设计的设计方式，采用从小局部本体构造再到大局部本体构造的方式构造，这为地理空间数据本体的集成奠定了基础，要将各个相对独立的本体集成为完整的地理空间数据本体，只需要按照第 4 章的地理空间数据本体的总体框架，从上而下引用下级（局部）本体即可。

采用以上方法，依照前述的地理空间数据本体框架，对以上构建实现的各个本体进行集成（图 7-36、图 7-37），集成后的地理空间数据本体共包含超过 200 个本体文件，共 419 个概念、268 个关系、112 个属性和 9382 个实例。

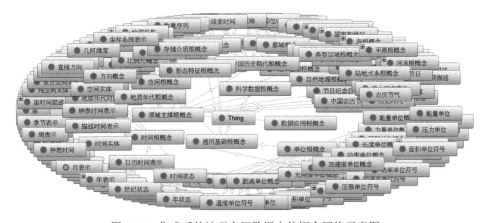

图 7-36　集成后的地理空间数据本体文件

图 7-37　集成后的地理空间数据本体概念网络示意图

第8章 地理空间数据本体
在数据集成建库中的应用

8.1 基于地理空间数据本体的
科技数据资源集成

8.1.1 科技资源整编及其对地理空间数据本体的需求

1. 基础性工作科技资源的内容与特点

科技基础性工作专项于 1999 年启动,是以促进国民经济与社会发展为目标,以满足科学研究的需求为出发点,所开展的科学数据、自然本底情况的获取、自然科技资源的采集与保存以及科学规范与标准物质的确定等有关的科学活动。科技基础性工作是基础研究的重要组成部分,为认识自然现象和发现科学规律做出了巨大贡献,具有基础性、长期性以及公益性等特点,同时对于推进基础学科发展、支撑国家宏观决策和保障国家安全等也具有重要战略意义。

基础性工作专项开展近 20 年以来,设置了大量的基础性研究项目,在项目执行过程中,通过对南北极、青藏高原、海洋和沙漠等一系列综合科学考察,建设了一批长期定位观测站,系统采集并保存了涵盖气象、地球科学、生物学、农业、林业、环境等多个领域内的科技资源,其主要包括数据、图集、志书典籍、标本资源、标准规范、论文专著、研究报告等多种类型。

1）数据是指在基础性工作中通过考察、观测、探测、监测、调查、试验以及编撰等方式获取到的各类科学数据。

2）图集是按照一定准则或者规范所编制的图形或图像的集合，基础性工作中常见的图集有地图集、标本图集等。

3）志书是以地区为主，综合记录该地自然和社会方面有关历史与现状的著作，包含综合全国情况的总志或一统志、描述省、州、县等区域的地区性方志以及记录山水禅林、寺庙、书院、风土人情等方面的专志。

4）典籍是古代重要文献的总称，在不同领域，有不同的代表性典籍。

5）标本资源是动物、植物、矿物等实物，经过各种处理，令之可以长久保存，并尽量保持原貌，借以提供作为展览、示范、教育、鉴定、考证及其他各种研究之用。标本资源分为8大类：植物种质资源、动物种质资源、微生物菌种资源、人类遗传资源、生物标本资源、岩矿化石资源、实验材料资源以及标准物质。

6）标准规范是对保障人身健康和生命财产安全、国家安全、生态环境安全以及满足经济社会管理基本需求的技术要求，主要包括国家标准和行业标准两大类。

7）论文专著指科技基础性工作产生，经正式发表或出版的对研究成果进行阐述、分析的著作。一般是对特定问题进行详细、系统考察或研究的结果。

8）研究报告是指是从事一种重要活动或决策之前，对相关各种因素进行具体调查、研究、分析，评估项目可行性、效果效益程度，提出建设性意见建议对策等，为决策者和主管机关审批的上报文。

其中，图集、志书典籍、标准规范、论文专著、研究报告这几类数据资源一般通过数字化处理之后，以电子格式文件的形式存储。

基础性工作科技资源特点显著，主要包括以下5个方面。

（1）跨领域性

科技基础性数据资源涉及大气、农业、林业、医学、生物、海洋以及地球科学等多个领域。此外，同一个基础性项目所产生的科技资源有时也会跨越多个学科领域，例如，中国北方及其毗邻地区综合科学考察项目产生了气候、人口、社会经济等覆盖多个领域的科技资源。

（2）数据类型复杂

基础性工作科技资源类型有文档、表格、图片、数据库、矢量文件等多种类型，而且同一种数据类型通常又包含多种数据格式，如图片数据类型包含了jpg、tiff、geotiff、png等多种数据格式。

（3）分散性

基础性工作科技资源以专项项目的形式组织，不仅具有地域分散性，而且具有内容分散性。地域分散性是指在汇交之前，资源随项目承担单位分布在全国各地。内容分散性是指不同项目中可能都存在覆盖同一个专题要素的科技资源，例如，多个项目中都含有气温数据。

（4）异构性

基础性工作科技资源的异构性是指属于同一要素的科技资源采用了多种描述规范，且描述不一致，甚至差异较大，例如，采用不同分类体系的土地覆被数据。

（5）多尺度性

基础性科技资源的多尺度性是指该资源在不同时间与空间范围内的相对差异，不同尺度所表达的信息量不同，其主要包括时间多尺度性和空间多尺度性两类。时间多尺度指科技资源表达的时间周期的多变，空间多尺度是科技资源表达的空间范围大小不一。

2. 科技资源整编重要意义与总体流程

基础性工作科技资源的规范化整编是以形成国家层面的基础性数据资料的集成整编环境和实现科技资源的广泛共享与利用为目的，是通过构建地理空间数据本体并将其作为语义支撑，解决不同项目产生的科技资源在定义、标准、数据类型、格式、时间、空间等方面的语义差异，从而形成语义一致、系统、完整的科技资源数据库。

基础性工作科技资源的规范化整编总体上包括：原始数据资料分析、整编方案确定、科技资源整编、科技资源建库、整编质量控制、质量评价和整编文档编制等7个步骤，如图8-1所示。

（1）原始资料分析

按领域对科技资源的要素及属性、时空范围、数据基准、数据生产及处理、计算方法与标准、数值单位等内容进行重点分析。

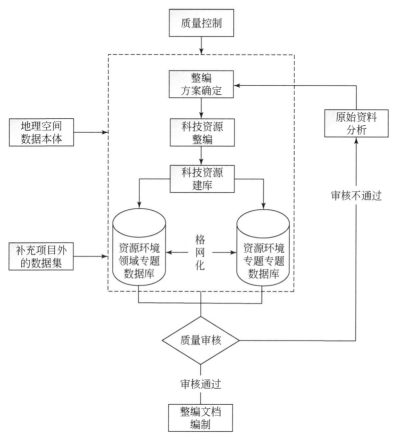

图 8-1　科技资源整编总体流程图

（2）整编方案确定

根据科技资源分析结果，以"领域-要素-属性"为主线，确定数据整编方案。重点确定领域资源要素对象、要素属性全集，统一属性项语义标准（如社会经济数据的统计口径等）、值域范围及数值单位。如果是空间数据还需要确定统一的数学基准（坐标系、投影方式与高程系等）。在此基础上，形成领域资源整编方案。

（3）科技资源整编

根据科技资源整编方案，按照统一的技术标准，分领域和要素，针对各项目相应要素的科技资源进行质量审核、转换处理（格式、单位、尺度、空间基准等）。对不同空间、时间的相同要素的科技资源进行抽取、合并与集成等操作。

（4）科技资源建库

整编工作完成后，按照统一的技术标准，借助相关软件工具，实施科技资源的批量入库。

（5）质量控制

在整编过程中，对科技资源整编和建库等关键步骤进行严格的质量控制。

（6）质量审核

科技资源建库完成后，对科技资源整编质量进行审核，若审核通过，则进入下一步，即整编文档的编写；若审核不通过，则重新对科技资源进行分析，必要时重复上述步骤，直到整编数据质量合格为止。

（7）整编文档编写

编写整编后数据集的元数据、数据说明文档以及建库后的数据字典说明等。

3. 科技资源整编对数据本体的需求分析

科技资源整编是以消除"信息孤岛"和降低数据冗余为起点，挖掘出不同科技资源间的隐含关系并使其最大化，进而实现不同科技资源间的有效关联，提升数据一致性与信息共享的利用效率，为促进科技资源的重用与精确发现，以及增加科技资源价值的网络效应等提供服务（陈跃国和王京春，2004）。

科技资源的整编工作不是简单的、机械地将科技资源进行集成，而是对科技资源实现有效的重建模过程，该过程中需要充分考虑科技资源的自身特征。而由于基础性工作科技资源跨领域性、类型复杂、分散、异构性以及多尺度性等特点，尤其是科技资源间的语义异构性，大大增加了整编工作的困难程度，导致难以实现科技资源的广泛共享以及智能检索与推荐等相关应用，常用联邦数据库（Sheth and Larson，1990）、中间件以及数据仓库（Wiederhold，1992；

Chaudhuri and Dayal，1997），可以有效解决数据的结构异构、语法异构以及系统异构，但无法解决科技资源间的语义异构，而本体是对共享概念模型的形式化规范说明（Gruber，1995；Studer et al.，2004），可以用于描述领域共同认可和共享的知识，能够挖掘出不同资源间隐藏的语义关系，实现不同资源间的智能关联，因而本体在解决语义异构问题上具有潜在优势。

地理空间数据本体中所涉及的时间、空间、形态以及来源等相关内容，全面覆盖了解决科技资源在数据类型、跨领域以及跨区域等异构问题中所需的共识概念与语义环境。因此，将地理空间数据本体引入到科技资源的整编工作当中，将其作为语义支撑，能够有效解决科技资源间的异构问题，大大提升整编工作效率，从而为实现科技资源的广泛共享与关联利用奠定基础。

8.1.2 基于地理空间数据本体的科技资源整编方法与流程

基于本体的数据集成与整编是指通过明确无歧义的语义表达，利用机器可读的方式描述数据及其相互间关系，建立多源异构数据间的相互映射，从而实现面向语义的数据集成。本体作为数据源的公共语义描述，能够实现数据间基于知识单元的匹配，发现数据间的隐含关系，因而可以辅助实现更为科学有效的数据集成。按照本体在数据集成中的角色划分，目前主要有 3 种方式：单一本体方式、多本体方式和混合本体方式（Wache，2001）。结合地理空间数据本体和科技基础性工作科学数据的实际情况，采用混合本体的方式进行数据集成，基于地理空间数据本体的科学数据集成总体流程如图 8-2 所示。

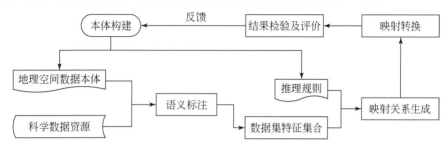

图 8-2　基于地理空间数据本体的科学数据集成总体流程

1. 本体构建

本体构建的目的是为数据提供统一的、规范化的语义表达基础，实现数据在语义上的同构。本体构建需完成地理空间数据本体库和推理规则的建立。

2. 基于本体的数据标注

提取数据描述信息，与地理空间数据本体库中提供的概念语义知识进行逐层匹配，将描述信息以本体中概念的形式表示，构造明确且无歧义的、结构化的数据集特征集合，为下一步映射关系的生成提供基础。

3. 映射关系生成

映射关系指具有相同或相似语义的概念间的对应关系，有 $1:1$、$1:m$、$1:n$、$m:n$ 共 4 种。此处主要指本体与数据集间的映射，实现本体概念与数据集特征集合间的语义对齐。映射关系生成过程为：以数据集语义标注的特征集合为基础，以地理空间数据本体包含的概念及概念间关系为语义空间，利用基于规则的本体推理机制实现语义扩展，从而生成标注数据集的特征集合与本体库中概念间的映射关系。数据与本体间的映射关系间接实现了数据间的映射。

4. 映射转换

根据生成的映射关系，将映射同一个目标概念的数据集成起来。重复此步，最终完成所有数据的集成。

5. 结果检验及评价

检查数据集成的结果，将其中由于本体库的不完善而导致的错误进行反馈，实现本体库的修正和更新。

8.1.3 基于地理空间数据本体的科技资源整编实践

在地理空间数据本体支持下对科学数据进行集成。图 8-3 表示数据先进行要素集成,再进行空间集成的过程。表 8-1 和表 8-2 为数据集成前后的片段对比。

首先,对数据信息进行要素语义标注,例如"长汀县资源环境调查数据平均降雨量"和"福安市资源环境调查地面降水观测数据",这两个数据集可用本体概念"降水"来标注,同时也生成数据集与概念间多对一的映射关系,并按照此映射关系进行数据集成。按照该方法将要素本体中同一要素(图 8-3 中的降水、气温等)所涉及的数据逐一集成。其次,针对已完成要素集成的数据,逐要素按空间范围集成。例如降水数据"长汀县资源环境调查数据平均降雨量"和"福安市资源环境调查地面降水观测数据"映射的空间实体为"福建省",按照此映射关系进行进一步数据集成。至此,实现了数据在要素和空间上的双重集成,解决了数据语义异构导致的科学数据集成困难的问题。

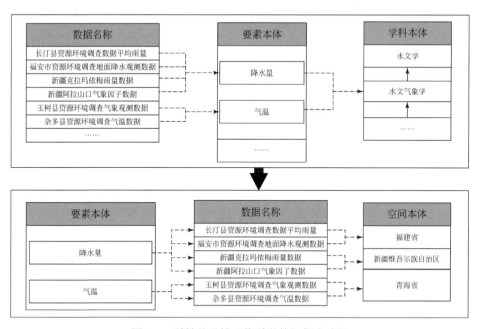

图 8-3 科技基础性工作科学数据集成过程

表 8-1 数据集成前

站区	年	年降水量（mm）	平均风速（m/s）	平均气温（℃）	备注
阿拉山口	1970	1878	42.75	40.17	阿拉山口
阿拉山口	1971	1908	47.50	45.50	气象因子

站名	年份	经度（°）	纬度（°）	降水量M1（mm）	降水量M2（mm）	……	降水量M12（mm）	备注
克拉玛依	1961	97.17	31.15	56	3	……	0	克拉玛依
克拉玛依	1962	97.17	31.15	1	13	……	7	梅雨量

表 8-2 数据集成后

数据记录编码	元数据资源标识	资源地点	经度（°）	纬度（°）	年份	全年降水总量（mm）	一月（mm）	……	十二月（mm）
DAT11-17055251000-1	2012FY111500-07-2015102907	阿拉山口			1970	1878		……	
DAT11-17055251000-2	2012FY111500-07-2015102907	阿拉山口			1971	1908		……	
DAT11-17055251000-3	2011FY110400-34-2016120834	克拉玛依	97.17	31.15	1961		56	……	0
DAT11-17055251000-4	2011FY110400-34-2016120834	克拉玛依	97.17	31.15	1962		1	……	7

8.2 基于地理空间数据本体的地下水数据建库

8.2.1 地下水领域本体的构建

地下水是水资源的重要组成部分，指赋存并运移于地面以下岩土空隙中的水。地下水是在一定水文地质基础（条件）下孕育产生的，并通过各种开发利用手段，实现水资源供给和环境支撑等功能。在开发利用过程中，会产生一系列环境地质问题，再通过保护治理措施，去解决这些问题。因此，地下水领域本体抽象模型如图 8-4 所示。

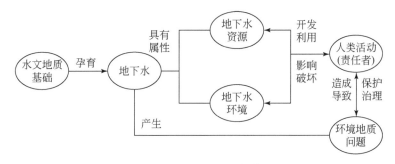

图 8-4 地下水本体抽象模型

依据地下水本体抽象模型，地下水本体涉及的顶层概念主要包括：水文地质基础、地下水资源、地下水环境、人类活动、环境地质问题。水文地质基础包括：地层、地质构造、包气带水、潜水、承压水、孔隙水、裂隙水、岩溶水、暗河、泉、地下水系统、地下水类型、含水岩组、水文地质参数、含水层等二级概念。地下水资源包括：地下水水位、水量、地下水补给、地下水消耗等二级概念。地下水补给又包括：降水入渗、地表水补给、侧向补给、越流补给等，而地下水消耗包括地下水开采、蒸发、地下水溢出、侧向排泄、越流排泄等。地下水环境包括：地下水化学类型、水温、水质、地下水污染等二级概念。人类活动包括：责任者和事件两个二级概念。责任者包括：钻孔实施者、地下水采样者、测试分析者、地下水资源评价者等实例，事件包括：水文地质调查、地下水勘察、钻孔施工、地下水监测、水质测试、水资源评价等实例。环境地质问题包括：地面塌陷、降落漏斗、地裂缝、地下水污染、盐渍化等二级概念（梁国玲等，2007，2010；彭淑惠，2005；张礼中等，2001；张永波等，2003）。地下水核心概念、属性、关系及其实例示例如表8-3所示。

表8-3　地下水本体概念、属性、关系及实例示例（以贵州岩溶地下水为例）

地下水概念		核心属性	关系	实例
水文地质基础	地下水系统	流域系统名称、代码、面积、级别、地形、地貌、岩性、地下水类型、含水岩组、补给条件、径流条件、排泄条件等	地下水系统{具有}地下水类型、地下水系统{具有}含水岩组等	长江流域（一级）、乌江（二级）、思南以上（三级）、南明河（四级）等
	地下水类型	岩石类型、化学成分、含水介质组合、水动力特征等	地下水类型{表征}地下水系统等	溶洞-管道水、溶隙-溶洞水、溶孔-溶隙水等
	地下水水位含水岩组	岩性组合、含水介质组合方式等	含水岩组{表征}地下水系统等	纯石灰岩岩组、灰岩夹碎屑岩岩组、白云岩夹碎屑岩岩组等
	……	……	……	……
地下水资源	地下水水位	监测点、水位、监测时间	监测点{属于}地下水系统等	黑石头监测点、小龙潭监测点、犀牛滩监测点等
	地下水补给	地下水系统、大气入渗补给、地表水补给、侧向补给、越流补给等	地下水补给{注入到}地下水系统等	
	地下水消耗	地下水系统、蒸发、溢出、开采、侧向排泄、越流排泄等	地下水消耗{排泄于}地下水系统等	
	……	……	……	……
地下水环境	地下水化学类型	主要阳离子及浓度、主要阴离子及浓度、同位素、微量元素等	地下水系统{具有}地下水化学类型等	重碳酸盐型水、硫酸盐型水、氯化物型水等

续表

地下水概念		核心属性	关系	实例
地下水环境	地下水水温	监测点、水温、监测时间	水温{具有}单位	交通农场监测点、阳光农场监测点、百花坪监测点等
	地下水水质	取样点、监测项目、监测值、取样时间、测试时间、水质类别等	监测值{具有}单位、水质类别{具有}类别代码等	
	……	……	……	……
人类活动	责任者	名称、唯一编码、通信地址、联系电话	责任者{实施}事件	钻孔施工者、地下水采样者、监测者、开采者等
	事件	名称、事件描述、事件发生时间、地点、责任者	事件{由……实施}责任者	地下水勘查、监测、开采等
	……	……	……	……
环境地质问题	地面塌陷	塌陷区位置、塌陷面积、深度、监测时间	地面塌陷{位于}地下水系统	
	降落漏斗	降落漏斗位置、面积、监测时间	降落漏斗{位于}地下水系统	
	地裂缝	地裂缝位置、宽度、深度、长度、监测时间	降落漏斗{位于}地下水系统	
	……	……	……	……

8.2.2 基于本体的地学数据建库方法

数据本体支持下的地学数据建库方法主要包含4个步骤（图8-5）：

1）依据领域本体概念、概念属性、实例及其关系，抽象出数据库实体、属性及其实体关系，形成实体关系模型；

2）基于实体关系模型设计数据库结构；

3）依据基础和领域本体，对多源数据进行语义消歧、数据格式等规范化转换并入库；

4）基于数据本体明确的语义描述对最终建成的数据库进行形式化表达，以便后继数据的持续集成。

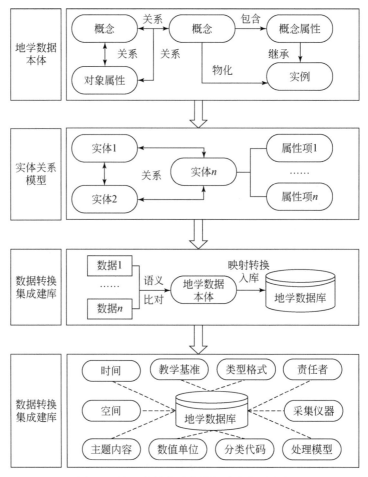

图 8-5 基于本体的地学数据建库方法流程

8.2.3 贵州岩溶地下水数据库构建实现

贵州省地处我国西南连片岩溶分布区的核心部位，岩溶地貌分布面积占全省 61.9%，岩溶地下水极为丰富，岩溶地下水资源量占全省总水资源量的 46%。为了合理开发利用岩溶地下水，自 20 世纪 80 年代中期，贵州省开展了一系列

水文地质调查、地下水监测、地下水资源评价、勘察找水等工作，形成了全省
1∶20万的水文地质普查、部分1∶5万的水文地质调查、6个中心城市地下水
长期监测数据成果以及各类地下水研究报告等（杨胜元，2008）。这些数据资
料和成果主要分散在贵州省地质环境监测院、贵州省地质资料馆、贵州省地矿
局111地质大队、贵州省地矿局114地质大队等。

整合集成上述地下水数据资料，构建形成统一的贵州省岩溶地下水数据
库，主要采用了以下3种方式：①收集并规范化处理分散在各单位的电子数据
文件；②通过互操作技术，实现地下水监测数据库的互连互通；③通过文本挖
掘技术，提取各类研究报告中的地下水数据。具体实现时（图8-6），首先，建
立地学时间、空间、形态本体以及地下水领域本体（侯志伟等，2015；罗侃，
2015；孙凯等，2016；王东旭等，2016）；其次，基于本体完成地下水数据库
结构的设计，保证数据库结构的系统性和完整性；再次，在本体的支持下，消
除数据时空基准、类型结构和语义等方面的异构性，实现数据的转换处理、互
操作和挖掘抽取；最后，对地下水数据库中的各类数据进行形式化的语义描述，
建立数据字典。截至2017年5月，贵州省地下水数据库整合集成了自20世纪
80年代起的贵州省水文地质调查、地下水勘察、监测和评价分析等方面的研
究成果以及数据资料99GB，10万多条数据记录，并建立了贵州地下水数据资
源管理系统（图8-7）。

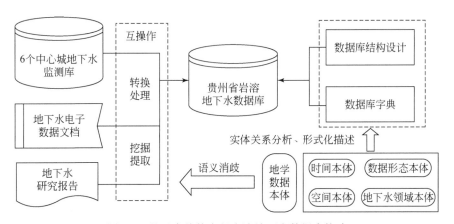

图8-6 基于本体的贵州岩溶地下水数据库构建

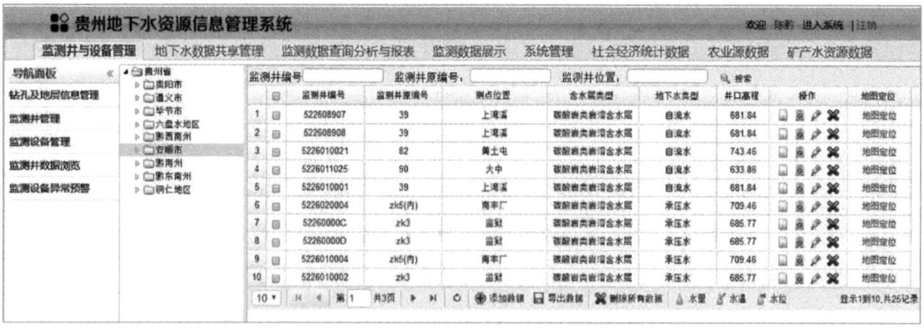

图 8-7　贵州地下水数据资源管理系统界面示意

第9章 地理空间数据本体
在数据智能发现中的应用

9.1 地理空间数据发现的基本原理

地理空间数据发现是一个依据地理空间数据特征由粗到细、逐级筛选的过程，具体来讲，首先判断地理空间数据的内容特征是否满足要求；其次判断地理空间数据的形态特征是否满足要求；最后判断地理空间数据的其他特征是否也满足要求。

在这一过程中，地理空间数据的本质特征必须完全或部分满足。本质特征包含内容、时间和空间特征，三者完全满足时该数据可以直接作为目标数据，部分满足时，则需要一定的转换，才能满足用户的需要。如内容上的上位概念、空间上的包含等，需要通过属性筛选，空间裁剪后才能满足数据发现的需要，有时甚至需要若干数据转换并集成后才能最终满足需要。数据形态特征一定程度上可以通过转换来解决，如坐标系的转换、数据格式的转换、时空尺度的转换。数据形态特征转换有的简单，有的则非常复杂，甚至不能转换。在转换过程中也有带来信息量或精度的损失。因此，在数据发现中，数据形态一定程度上也影响着用户的选择。数据其他特征起到参考作用可不做硬性要求。

9.2 基于地理空间数据本体的
数据发现技术路线

9.2.1 总体技术路线

利用地理空间数据本体开展数据发现的技术路线如图 9-1 所示，总体上分为 3 个步骤：数据准备、系统研发和应用与评价。

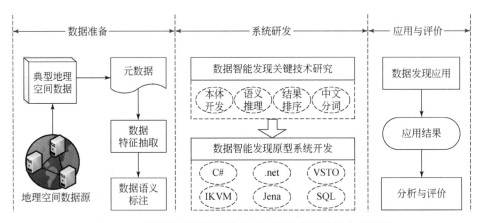

图 9-1 应用地理空间数据本体开展数据发现的技术路线图

1. 数据准备

由中国科学院地理科学与资源研究所负责建设和运营的国家科技基础条件平台"地球系统科学数据共享平台"是国内主要的数据共享网站之一。该网站积累了海量的地理空间数据，包括基础地理空间数据、资源环境空间数据、水文气象空间数据、地球物理空间数据、社会经济空间数据等。依托"地球系统科学数据共享平台"，本书从中选取典型的地理空间数据，然后获取其对应的元数据，最后从元数据中抽取数据的特征并利用构建的本体对地理空间数据进行语义标注。

2. 系统研发

开展基于地理空间数据本体的数据智能发现关键技术研究，包括基于语义推理的地理空间数据智能发现技术流程、基于规则的地理空间数据语义推理技术、基于 Jena 的地理空间数据本体开发技术、基于数据匹配语义特征综合权重排序技术等。并在开展系统总体设计后，利用这些技术开发实现地理空间数据智能发现原型系统。

3. 应用与评价

针对在数据准备阶段语义标注好的地理空间数据，结合构建实现的地理空间数据本体，应用研发的地理空间数据智能发现原型系统开展数据发现实践，并对数据发现的结果进行分析与评价。

9.2.2　基于语义推理的地理空间数据发现流程

基于语义推理的地理空间数据发现技术流程如图 9-2 所示，总体来讲可以分为 4 个步骤。

1. 检索条件语义识别与语义推理扩展

该步骤首先对检索条件进行预处理，例如对查询关键词进行分词和去除停用词等，然后利用地理空间数据本体对其进行语义识别与语义推理扩展，具体包含依次递进、逐层加深的 3 个层次：

1）基于关键词和同义词匹配本体库中的概念和实例并记录匹配结果（记为 B 类语义项）。

2）对匹配结果进行浅层语义推理，主要借助地理空间数据本体中概念与概念之间、概念与实例之间、实例与实例之间的一阶关系分析出与之相关联的概念或实例并加以记录（记为 C 类语义项），例如兄弟概念或实例、局部整体概念或实例、包含概念或实例、上下位概念等。

3）利用地理空间数据本体中关系的约束和高阶关系，结合语义推理规则库，对匹配结果进行深层逻辑推理，发掘与之潜在关联的概念或实例并加以记

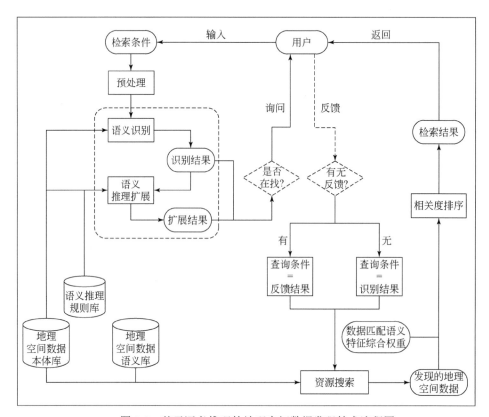

图 9-2 基于语义推理的地理空间数据发现技术流程图

录（记为 D 类语义项）。

2. 询问与反馈

该步骤首先将上一步骤中获得的语义项展现给用户，询问用户是否要查找与之相关联的数据，当用户指明需要以某个语义项为条件进行检索时，则后续将重点以该语义项（将其重新记为 A 类语义项）为条件开展资源搜索。此步骤为非必要步骤，用户可响应或不响应引导询问。

3. 数据资源检索

该步骤以通过数据特征抽取和语义标注建立起来的地理空间数据语义库为检索范围，依次以上述 A、B、C、D 四类语义项为检索条件，开展资源搜索，将具有与语义项相匹配的语义特征的地理空间数据作为数据发现的结果。

4. 排序与输出

该步骤对数据发现的结果进行排序并展现给用户，排序的依据是数据与用户检索条件的关联程度，排序的方式一般是降序排列，排序具体方法见后文。

9.3 基于地理空间数据本体的数据发现关键技术

9.3.1 基于 Jena 的地理空间数据本体开发技术

地理空间数据本体是地理空间数据的语义模型，OWL 和 Protégé 分别提供了构建该模型的语言和工具，然而要在地理空间数据智能发现系统软件开发中使用这种特殊的模型，还需要其他软件工具的支持。

Jena[①]是由惠普实验室（HP Labs）开发的用于表示和处理半结构化数据的 Java 开源工具包，具有强大的处理 XML/RDF/OWL 等语义信息资源的功能，其功能框架如图 9-3 所示。Jena 提供将 XML/RDF/OWL 文档转换成 RDF Mode/OWL Model，存放于计算机内存中或存储为关系数据库以便后续调用的基本功能，同时 Jena 还提供 RDF/OWL 模型的创建、读写、修改和查询等功能，并与 SPARQL（simple protocol and RDF query language）、RDQL（RDF data query language）等查询语言相结合，还提供基于规则和 RDF/OWL 模型的语义推理功能。

Jena 工具包本身是基于 Java 环境的，不能直接在.net 环境下运行，为了使基于.net 环境开发的软件系统也能够使用 Jena，必须对其进行.net 环境下的转换。

IKVM[②]是一个同时支持 Mono 和.net Framework 的开源 Java 虚拟机，它可以让 Java 程序运行在.net 环境下，与.net 应用程序协同工作。开发类库跨平台转换软件（如图 9-4 所示）。利用 IKVM 将所有的 Jena 工具包转换为.net 下的类库以备后用，称之为 Jena.net。

---

① http://jena.apache.org/
② http://www.ikvm.net/

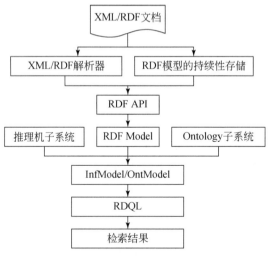

图 9-3　Jena 的功能框架

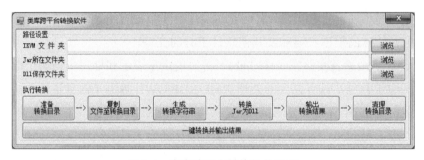

图 9-4　类库跨平台转换软件界面

　　本体的解析是地理空间数据本体开发中必须解决的重要技术问题，利用 Jena 提供的 OWL API 解析地理空间数据本体（图 9-5），以实现对本体中各个基本元素（类、关系、属性和实例等）的访问。

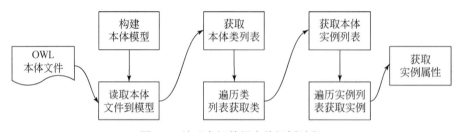

图 9-5　地理空间数据本体解析过程

基于 Jena 的地理空间数据本体解析步骤为：

1）从模型工厂 ModelFactory 创建一个本体模型 OntModel，并读入 OWL 本体到内存中；

2）获取本体模型 OntModel 的类列表 listClasses，并遍历类列表从中获取本体类 OntClass；

3）获取本体类的实例列表 listIndividuals，遍历实例列表获取实例 Individual，调用实例的 getPropertyValue 获取其指定的属性。

例如，地理空间数据空间本体中有概念"地图投影"，该概念的一个实例是"Alberts 投影"，则通过 Jena 获取该实例的属性"变形性质"的核心实现代码如下：

```
//创建内存 OntModel 本体模型
OntModel ontModel=ModelFactory.createOntologyModel（OntModelSpec.
OWL_MEM）;
//读取地理空间数据空间本体 OWL 文件
ontModel.read（"file:D:/SpaceAll.owl"）;
//遍历内存本体模型中所有的类
for（Iterator c=ontModel.listClasses（）; c.hasNext（）;）
{
OntClass clsRes =（OntClass）c.next（）;
//找到类"地图投影"
if（clsRes.getLocalName（）.Equals（"地图投影"））
{
//遍历地图投影类的所有实例
for（Iterator i=clsRes.listInstances（）; i.hasNext（）;）
{
Individual idvRes =（Individual）i.next（）;
//找到实例"Alberts 投影"
if（idvRes.getLocalName（）.Equals（"Alberts 投影"））
{
//遍历实例 Alberts 投影的所有属性
```

```
for (Iterator p=idvRes.listProperties (); p.hasNext ();)

{

OntProperty prRes = (OntProperty) p.next ();

//找到属性"变形性质"

if (prRes.getLocalName ().Equals ("变形性质"))

//获取属性变形性质的值

string propertyValue=prRes.getPropertyValue (null).toString ();

                    }

              }

        }

    }

}
```

9.3.2　基于规则的地理空间数据语义推理技术

地理空间数据实体之间的各种关系千头万绪，浩如烟海，且随时在不断变化和更新，地理空间数据本体的构建不可能也无法穷尽这些关系，因此，必须通过一定的推理规则与地理空间数据本体相结合，通过本体推理，增强地理空间数据本体的语义表达能力，使计算机能够更好地理解和处理地理空间数据之间丰富而又复杂的关系。本体推理是通过对本体的形式化描述，使得计算机能够理解本体所描述的知识的过程。本体推理的作用在于两个方面，一方面是被本体的编码开发者使用，用于检查本体中的语义冲突，以保证本体的一致性；另一方面是被本体的用户使用，用来获得本体中隐含的知识，以解决实际问题。

为实现本体支持下的基于语义推理的地理空间数据发现，构建地理空间数据的语义推理规则库，库中包含的规则由两个部分构成。

一是 OWL、RDFS、Jena 内置的推理规则，部分规则如下：

```
[-> (owl:FunctionalProperty rdfs:subClassOf rdf:Property)]

[-> (owl:ObjectProperty rdfs:subClassOf rdf:Property)]
```

```
[-> (owl:DatatypeProperty rdfs:subClassOf rdf:Property) ]
[-> (owl:InverseFunctionalProperty rdfs:subClassOf owl:ObjectProperty) ]
[-> (owl:TransitiveProperty rdfs:subClassOf owl:ObjectProperty) ]
[-> (owl:SymmetricProperty rdfs:subClassOf owl:ObjectProperty) ]
[-> (rdf:first rdf:type owl:FunctionalProperty) ]
[-> (rdf:rest rdf:type owl:FunctionalProperty) ]
[-> (owl:oneOf rdfs:domain owl:Class) ]
[-> (owl:Class rdfs:subClassOf rdfs:Class) ]
[-> (owl:Restriction rdfs:subClassOf owl:Class) ]
[-> (owl:Thing rdf:type owl:Class) ]
[-> (owl:Nothing rdf:type owl:Class) ]
[-> (owl:equivalentClass rdfs:domain owl:Class) ]
[-> (owl:equivalentClass rdfs:range owl:Class) ]
[-> (owl:disjointWith rdfs:domain owl:Class) ]
[-> (owl:disjointWith rdfs:range owl:Class) ]
[-> (owl:sameAs rdf:type owl:SymmetricProperty) ]
[-> (owl:onProperty rdfs:domain owl:Restriction) ]
[-> (owl:onProperty rdfs:range owl:Property) ]
[-> (owl:OntologyProperty rdfs:subClassOf rdf:Property) ]
[-> (owl:imports rdf:type owl:OntologyProperty) ]
[-> (owl:imports rdfs:domain owl:Ontology) ]
[-> (owl:imports rdfs:range owl:Ontology) ]
[-> (owl:priorVersion rdfs:domain owl:Ontology) ]
[-> (owl:priorVersion rdfs:range owl:Ontology) ]
[-> (owl:backwardCompatibleWith rdfs:domain owl:Ontology) ]
[-> (owl:backwardCompatibleWith rdfs:range owl:Ontology) ]
[-> (owl:incompatibleWith rdfs:domain owl:Ontology) ]
[-> (owl:incompatibleWith rdfs:range owl:Ontology) ]
[-> (owl:versionInfo rdf:type owl:AnnotationProperty) ]
[-> (owl:differentFrom rdf:type owl:SymmetricProperty) ]
```

```
[-> (owl:disjointWith rdf:type owl:SymmetricProperty)]

[-> (owl:intersectionOf rdfs:domain owl:Class)]

[-> (rdf:type rdfs:range rdfs:Class)]

[-> (rdfs:Resource rdf:type rdfs:Class)]

[-> (rdfs:Literal rdf:type rdfs:Class)]

[-> (rdf:Statement rdf:type rdfs:Class)]

[-> (rdf:nil rdf:type rdf:List)]

[-> (rdf:subject rdf:type rdf:Property)]

[-> (rdf:object rdf:type rdf:Property)]

[-> (rdf:predicate rdf:type rdf:Property)]

[-> (rdf:first rdf:type rdf:Property)]

[-> (rdf:rest rdf:type rdf:Property)]

[-> (rdfs:subPropertyOf rdfs:domain rdf:Property)]

[-> (rdfs:subClassOf rdfs:domain rdfs:Class)]

[-> (rdfs:domain rdfs:domain rdf:Property)]

[-> (rdfs:range rdfs:domain rdf:Property)]

[-> (rdf:subject rdfs:domain rdf:Statement)]

[-> (rdf:predicate rdfs:domain rdf:Statement)]

[-> (rdf:object rdfs:domain rdf:Statement)]

[-> (rdf:first rdfs:domain rdf:List)]

[-> (rdf:rest rdfs:domain rdf:List)]
```

二是用户自定义的规则，部分规则如下：

[类别-实例:(?x rdf:type ?c)(?c rdf:type owl:Class)->(?c GeoDataOnt:类-实例 ?x)]

[传递子类:(?x rdfs:subClassOf ?y)(?y rdfs:subClassOf ?z) -> (?x rdfs:subClassOf ?z)]

[传递实例:(?i rdf:type ?c1)(?c1 rdfs:subClassOf ?c2) -> (?i rdf:type ?c2)]

[时间邻接:(?x GeoDataOnt:时间邻接 ?y) -> (?y GeoDataOnt:时间邻接?x]

[空间邻接:(?x GeoDataOnt:空间邻接 ?y)->(?y GeoDataOnt:空间邻接?x)]

[时间晚早互反:(?x GeoDataOnt:时间晚于?y)->(?y GeoDataOnt:时间早于?x)]

[时间早晚互反:(?x GeoDataOnt:时间早于?y)->(?y GeoDataOnt:时间晚于?x)]

[时间传递晚于:(?x GeoDataOnt:时间晚于?y)(?y GeoDataOnt:时间晚于?z)->(?x GeoDataOnt:时间晚于?z)]

[时间传递早于:(?x GeoDataOnt:时间早于?y)(?y GeoDataOnt:时间早于?z)->(?x GeoDataOnt:时间早于?z)]

[空间传递包含:(?x GeoDataOnt:空间包含 ?y)(?y GeoDataOnt:空间包含 ?z)->(?x GeoDataOnt:空间包含 ?z)]

[亲兄弟实例:(?x rdf:type ?c)(?y rdf:type ?c)(?c rdf:type owl:Class)notEqual (?x, ?y)->(?x GeoDataOnt:亲兄弟实例 ?y)]

[要素包含:(?c rdfs:subClassOf GeoDataOnt:要素本体)(?c rdf:type owl:Class)(?x rdf:type ?c)->(?c GeoDataOnt:要素包含 ?x)]

[要素相同:(?c rdfs:subClassOf GeoDataOnt:要素本体)(?c rdf:type owl:Class)(?x rdf:type ?c)(?y rdf:type ?c)notEqual (?x, ?y)->(?x GeoDataOnt:要素相同 ?y)]

本体推理规则库实际上是多条规则的集合,每条规则由一个条件(body terms)和一个结论(head terms)构成,每个条件或者结论可以由一个或多个 term 或者 ClauseEntry 构成,每个 term 是一个三元组模式(triple pattern)。

例如,对于规则:

[空间传递包含:(?x GeoDataOnt:空间包含 ?y)(?y GeoDataOnt:空间包含 ?z)(?z GeoDataOnt:空间包含 ?v)->(?x GeoDataOnt:空间包含 ?v)]

其中,(?x GeoDataOnt:空间包含 ?y)(?y GeoDataOnt:空间包含 ?z)(?z GeoDataOnt:空间包含 ?v)是规则的条件(由 3 个 term 构成),(?x GeoDataOnt:空间包含 ?v)是规则的结论(由 1 个 term 构成)。

在基于规则的地理空间数据语义推理具体实现方面,Jena 内置了一套基于规则的支持 SPARQL 和 RDQL 查询语言的语义推理引擎。针对特定的规则库和本体，利用 Jena 实现语义推理的一般过程是，首先读取本体 OWL 文件并构建 OntModel，然后读取规则库并生成规则列表，接下来利用规则列表生成推理器 Reasoner 并利用推理器和 OntModel 构建推理查询模型 InfModel，最后是针对 InfModel 执行推理查询语句，并析出查询结果。

以下通过一个例子来说明利用 Jena 进行语义推理的具体实现方法，该例子通过推理规则库"推理规则.rules"和本体库"中国行政区划本体"来查询"华北地区"和"朝阳区"之间的空间关系。

推理规则库"推理规则.rules"指定了一条"空间包含"具有传递性的规则，其内容如下：

```
@prefix rdf:<http://www.w3.org/1999/02/22-rdf-syntax-ns#>.
@prefix rdfs:<http://www.w3.org/2000/01/rdf-schema#>.
@prefix xsd:<http://www.w3.org/2001/XMLSchema#>.
@prefix owl:<http://www.w3.org/2002/07/owl#>.
@prefix xml:<http://www.w3.org/XML/1998/namespace>.
@prefix GeoDataOnt:<http://www.GeoDataOnt.cn/2013/4/GDO_All. owl#>.
[空间传递包含：（?x GeoDataOnt:空间包含 ?y）（?y GeoDataOnt:空间包含 ?z）
（?z GeoDataOnt:空间包含 ?v）->（?x GeoDataOnt:空间包含 ?v）]
```

"中国行政区划本体"中定义了"华北地区"空间包含"北京市"，并定义了"北京市"空间包含"朝阳区"，但没有定义"华北地区"空间包含"朝阳区"。

利用 Jena 进行语义推理来查询"华北地区"和"朝阳区"之间的空间关系的核心代码如下：

```
//创建 OntModel 本体模型
OntModel ontModel=ModelFactory.createOntologyModel（OntModelSpec.
OWL_MEM);
//读取中国行政区划本体的 OWL 文件
ontModel.read("file:D:/DistrictCNAll.owl");
//读取规则库
```

```
m_Rules=Rule.rulesFromURL ("file:D:/推理规则.rules");
//生成推理器
GenericRuleReasoner m_reasoner=new GenericRuleReasoner (m_Rules);
//构建推理查询模型
m_InfModel=ModelFactory.createInfModel (m_reasoner, m_OntModel);
//执行推理查询语句
Query m_query=QueryFactory.create ("select ?v where {OntPrefix:华北
地区 ?v 朝阳区}");
QueryExecution m_queryExe=QueryExecutionFactory.create (m_query,
m_InfModel);
ResultSet m_resultSet=m_queryExe.execSelect ();
//析出查询结果
while (m_resultSet.hasNext ())
{
    QuerySolution m_soln=m_resultSet.nextSolution ();
    Iterator m_iter=m_soln.varNames ();
    List<string> aResultValue=new List<string> ();
    while (m_iter.hasNext ())
    {
        string var = (string) m_iter.next ();
        string Rst=m_soln.get (var) .toString ();
        aResultValue.Add (Rst); // Rst=空间包含
    }
}
```

执行上述代码后，可以得出"华北地区"和"朝阳区"间具有空间包含关系。

9.3.3 基于数据匹配语义特征综合权重的排序技术

由地理空间数据发现基本原理分析看出（参见本书 9.1 节），地理空间数据各语义特征在数据发现过程中的优先级和权重是有差别的。因此，在将数据发现的结果展现给用户之前，必须依据结果中地理空间数据的匹配语义特征的综合权重，对所发现的数据进行降序排列，以使用户能够便捷地获得语义关联程度最佳的地理空间数据。

所发现数据的匹配语义特征综合权重计算方法如下：

1）假设待匹配的语义项为 N 个；

2）若地理空间数据数据语义库中的记录能同时匹配这 N 个语义项，其记为 a 类数据；

3）若剩余地理空间数据数据语义库中的记录能匹配这 N 个语义项中的内容特征语义项和形态特征语义项，将其记为 b 类数据；

4）若余下地理空间数据数据语义库中的记录能匹配这 N 个语义项中的内容特征语义项，将其记为 c 类数据；

5）若其他地理空间数据数据语义库中的记录能匹配这 N 个语义项中的形态特征语义项，将其记为 d 类数据；

6）所发现数据的综合权重 W_t 由其对应的检索语义项类别（A、B、C、D）的权重 w_o 和其所在数据发现结果中类别（a、b、c、d）的权重 w_d 决定，A、B、C、D 类语义项和 a、b、c、d 类数据的权重均依次降低。具体计算方法如公式（1）所示。

$$W_t = \eta(\lambda_o w_o + \lambda_d w_d) \tag{1}$$

式中，η 是归一化系数；λ_o 为检索语义项类别权重占比系数；λ_d 为数据发现结果权重占比系数。

9.4 地理空间数据智能发现原型系统研发

9.4.1 原型系统总体设计

地理空间数据智能发现原型系统总体架构如图 9-6 所示。系统底层是地理空间数据资源和地理空间数据语义资源，地理空间数据资源包括地理空间数据及其元数据，地理空间数据语义资源包括地理空间数据额外的数据描述、地理空间数据本体和地理空间数据针对额外定义的规则。系统借助 Visual Studio、Protégé、.net Framework、Jena 等一系列开发与运行平台开发，提供数据检索、数据推荐、数据筛选、元数据浏览等功能。

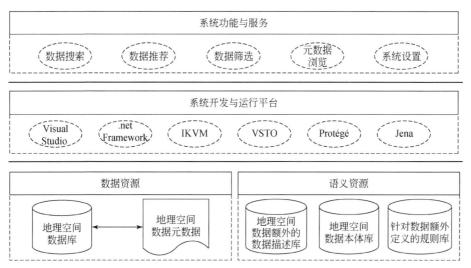

图 9-6　地理空间数据智能发现原型系统总体架构图

9.4.2　原型系统开发实现

地理空间数据智能发现原型系统在 Microsoft Visual Studio 2010 集成开发环境下开发，后台数据库采用 Microsoft Excel 2010，系统总体采用 C#语言开发，系统本体库和推理规则库分别采用 OWL 文件和 rule 文件，本体库的构建工具为 Protégé 4.3，构建语言为 OWL，系统对本体的开发在 IKVM 0.46.0.1 的支撑下采用 Jena 2.6.4 实现，此外，系统还分别使用了 VSTO 2010 和 ICTCLAS2011 实现对后台数据库的操作和对中文文本的分词。

开发实现的地理空间数据智能发现原型系统界面如图 9-7、图 9-8 所示。

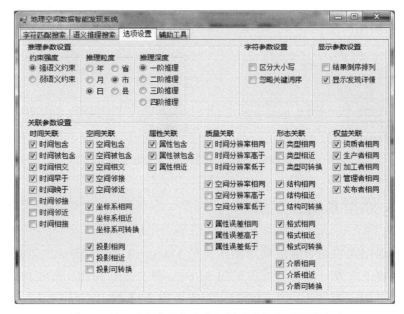

图 9-7　地理空间数据智能发现原型系统数据检索界面

图 9-8　地理空间数据智能发现原型系统选项设置界面

9.5　数据发现与结果分析验证

9.5.1　数据准备

从国家地球系统科学数据共享平台提取了约 500 条元数据，数据涉及的范围包括地貌数据、土地利用/土地覆被数据、土壤环境数据、水循环数据、陆地资源卫星影像等，选择其中质量较高的 343 条元数据抽取地理空间数据的特征信息，并结合构建的地理空间数据本体，对地理空间数据做规范的语义标注。

9.5.2 数据发现应用结果

分别以时间检索关键词和空间检索关键词为检索条件进行了地理空间数据发现应用。

在时间关键词检索方面，以"2003 年"为输入条件进行查询，传统基于时间关键词匹配方法的数据检索结果和基于地理空间数据本体的数据发现结果分别如图 9-9 和图 9-10 所示。传统方法共返回 10 条数据，数据的排列顺序杂乱无章，本体支持下的地理空间数据发现方法共返回 25 条数据。所返回的数据中不仅包含完全满足"2003 年"的数据，还包含通过时间本体的动态推理得到的包含"2003 年"或以"2003 年"为开始时间或结束时间的数据，以及与"2003 年"构成"包含""重叠""晚于""早于"等关系的数据；最为符合条件的数据"2003 年格罗夫山 GPS 控制网选埋测观测数据和计算成果"排在结果中的第一位。

图 9-9　基于时间关键词匹配方法的数据检索结果

图 9-10 基于时间特征语义的数据发现结果

在空间关键词检索方面，以"长江中下游"为输入条件进行查询，传统基于空间关键词匹配方法的数据检索结果和基于地理空间数据本体的数据发现结果分别如图 9-11 和图 9-12 所示。传统方法共返回 9 条数据，本体支持下的地理空间数据发现方法共返回 26 条数据。所返回的数据除直接与"长江中下游"匹配的外，还包括与"长江中下游"构成空间包含关系的江苏、上海等地区的数据；在数据排列顺序方面，直接符合"长江中下游"的数据排在靠前的位置，符合空间包含推理条件的数据排在后面。

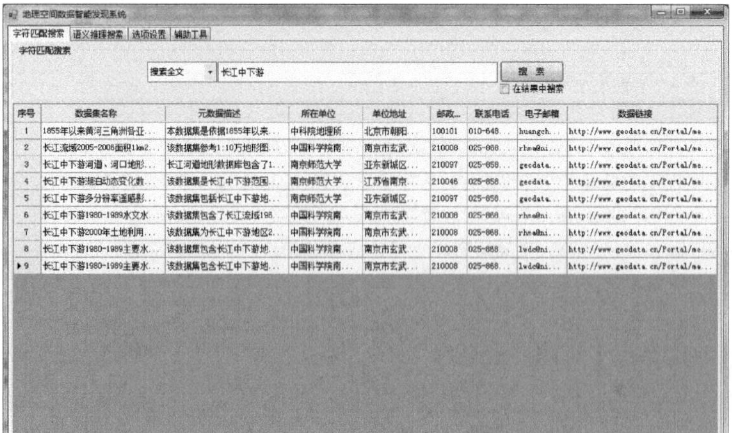

图 9-11 基于空间关键词匹配方法的数据检索结果

图 9-12 基于空间特征语义的数据发现结果

9.5.3 数据发现效果分析

使用信息检索常用的三项指标：查全率（recall）、查准率（precision）以及综合评价指标（f1-measure）来评价数据发现的效果。

查全率=（检索到的相关数据总数/系统中相关数据总数）×100%

查准率=（检索到的相关数据总数/系统返回的数据总数）×100%

综合评价指标=2×（查准率×查全率）/（查全率+查准率）

利用以上指标对数据发现应用的结果进行统计，统计结果如表 9-1 所示。

表 9-1 数据发现应用结果统计

关键词	方法	查全率（%）	查准率（%）	综合评价指标（%）
时间关键词	传统方法	42.11	80.00	55.17
	本体支持的方法	94.74	72.00	81.82
空间关键词	传统方法	29.17	77.78	42.42
	本体支持的方法	100.00	92.31	96.00

从表 9-1 中可以明显看出，基于地理空间数据本体的数据发现方法在数据发现的查全率和综合评价指标方面具有非常明显的优势，且相较于传统方法查询得到杂乱无序的结果，本体支持下的地理空间数据发现方法返回的结果是按照与输入检索条件的相关度从大到小排列的。

第10章　地理空间数据本体
未来研究与应用

　　地理空间数据本体是促进地学数据共享的重要基础、是推动地学科研信息化环境发展的重要技术、是地理本体研究的重要组成内容，因而地理空间数据本体也是促进现代地球科学研究的重要工具。地理空间数据本体的研究还刚刚开始，未来还需要重点开展地学数据本体自动化构建与更新方法研究，加快构建形成全面系统、可实际应用的地学数据本体库，大力推进地理空间数据本体的应用，通过应用不断完善和丰富地学数据本体理论方法和知识库。

　　1. 发展自动构建更新方法

　　本体构建方法可以分为 3 类：人工构建、半自动构建和自动构建。人工构建方法依靠领域专家的知识和群体智慧，通过手工的方式，分领域逐一确定领域内共识的本体概念、概念属性、实例及其相互间的关系。人工构建具有结果准确、权威的优点，但同时也存在费力、费时、构建周期长、更新困难等问题。最初的基础性字典、领域叙词表等大多都是通过人工构建方法完成的。半自动构建方法，主要基于已有的字典和知识库，通过抽取、转换等方式，先生成领域或应用本体，然后再通过领域专家对自动生成的本体进行检查和修改。半自动构建方法既降低了本体构建的复杂性，又可以较好地保证本体的质量，但它受限于所依赖的知识库大小和完善程度，仍然需要专家的参与，限制了本体的快速构建与更新。因此，大数据时代下，如何充分利用网络上开放的语料库（如维基百科、百度百科等），利用自然语言处理、深度学习、人工智能等技术，发展本体自动构建与更新方法，已经成为地理空间数据本体构建的迫切需求、研究热点与前沿。

　　本体自动构建方法需要利用自然语言处理以及数据挖掘技术，泛在知识语料以及网络大众等资源，从现有的知识源获取领域知识并经规范化、形式化处理与融合后形成所需要的本体。本体自动构建方法主要包括 3 类：①基于结构化数据的转换方法；②基于半结构化数据的挖掘方法；③基于众包技术的志愿构建方法。

（1）基于结构化数据的转换方法

基于结构化数据的转换方法，主要是利用现有成熟的数据库或知识库，通过概念、实例、关系的映射，实现现有数据库或知识库到本体的转换。通常情况下，在关系数据库中，表单名称对应本体中的一个概念或关系，关系数据库中的数据集记录对应本体中的实例，关系数据库中两个关系的继承关系对应本体中概念或关系的层次，关系数据库中的属性约束对应本体中的公理。基于关系数据库转换的本体自动化构建流程如图 10-1 所示。利用已有知识库时，由于不同知识库存在语义异构问题，需要首先进行本体对齐，消除异构知识库中的实体冲突、指代模糊等不一致性现象，然后进行知识库的融合集成。本体对齐（概念模型如图 10-2 所示）的方法有很多：根据解析程度，可分为 Element-level 和 Structure-level 两类，前者仅对本体概念要素进行对齐，而后者则是对本体的结构信息进行对齐；根据输入信息类型，可分为 Content-based 和 Context-based，前者指仅使用知识库本身的信息完成对齐，而后者则利用相关的外部资源来支撑本体对齐。地理知识库对齐主要包括 5 个步骤（图 10-3）。

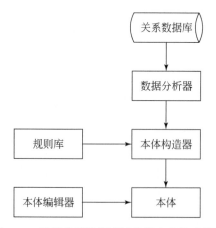

图 10-1　基于关系数据库转换的本体构建流程

1）确定对齐实体类型。根据对齐目标的不同，可选择知识库的概念、属性或实例中的一个或多个要素进行对齐。

2）制定对齐策略。这一步骤是实体对齐的核心，主要是确定从哪些方面、利用哪些特征和指标来衡量实体间的对齐程度。

3）相似性度量。针对每个对齐的特征，逐一确定其相似性的计算方法。

4）相似度聚合。本步骤需要选择合适的相似度聚合策略，将多维相似度的计算结果进行有效聚合，从而获得实体对的综合相似度值，确定对齐结果。

5）结果评价。最后需要对实体对齐结果的准确性和全面性作综合评价。

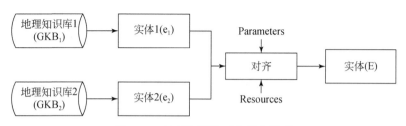

图 10-2　地理知识库对齐概念模型

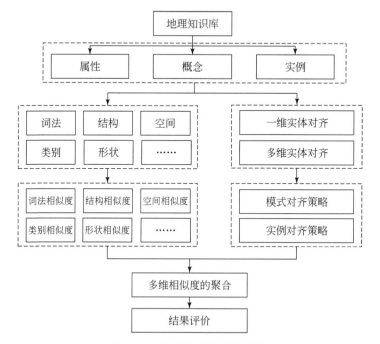

图 10-3　地理知识库对齐流程

（2）基于半结构化数据的挖掘方法

基于半结构化数据的挖掘方法，主要是指基于泛在网络上已有的语料（网页文本、知识百科、微博、微信等），利用自然语言处理技术（natural language processing，NLP）等，通过术语抽取、语义解析、关系创建、形式化表达等过程完成本体的构建。半结构化的数据挖掘方法主要包括以下 4 个步骤。

1）Web 文档预处理，包括辨别不同字段（如 HTML 种的标题、元数据、正文），提取主要内容块，移除停用词，提取词干，处理数字、连接词、标点及大小写字母等。

2）领域术语抽取，分为基于自然语言的术语抽取、基于包装器的术语抽取和基于本体的术语抽取三类。基于自然语言的术语抽取即利用自然语言文本信息抽取技术抽取 Web 网页文本中的领域术语，具体步骤包括词性标注、句法分析和语义分析；基于包装器的术语抽取，有两种方法：一种是监督学习方法，从标注好的训练样本集中学习抽取规则，用学习到的规则抽取网页中的领域术语；另一种是无监督学习方法，没有训练样本，通过数据的分类聚合迭代，形成学习规则后进行术语的抽取；基于本体的术语抽取，主要依据本体描述的概念、概念层次结构、关系、属性、规则等生成抽取规则，然后根据规则对 Web 网页上的内容文档进行抽取。

3）概念学习。上一步抽取的术语可能存在多种语义，但概念只能有一种明确的语义，需要通过概念学习消除概术语的语义异构。常用的消歧方法分为三类：有监督消歧、基于词典的消歧和无监督消歧。

4）语义关系学习，即从 Web 文本中抽取概念之间的关系。目前比较普遍采用的关系学习方法是基于句法分析的方法。该方法依赖于自然语言处理技术，依次对文本进行词性标注、句法分析和语义分析，利用语言模型选择最佳的句法分析结果，最后结合一定的知识得到语义关系。

（3）基于众包技术的志愿构建法

众包技术是指利用互联网将任务分配出去，由众多志愿者协同工作，贡献内容并解决问题，具有来源广泛多样、现势性强、成本低廉等特点。利用众包技术创建本体主要包括以下 5 个步骤：

1）研究设计本体的概念体系及关系。

2）依据概念体系及关系创建众包平台，形成用户引导型数据采集系统。

众包平台可考虑提前集成已有的本体知识，供志愿者在创建内容时参考。

3）基于众包平台，志愿者在线创建自己的数据内容，可以选择众包平台已经集成的数据。

4）众包平台对数据质量进行甄别清洗、转换处理和整合集成。

5）利用本体语言，描述利用众包平台形成的概念、实例及其相互间的关系，形成最终的本体库。

众包技术已广泛应用到志愿地理信息（volunteered geographic information，VGI）的采集更新中，典型的如 Open street map、GeoNames、WikiMapia 等 VGI 平台。DBpedia Ontology 是一个利用众包技术构建的跨域本体，通过引入公共 wiki，用于编写信息框映射以及直接编辑 DBpedia 本体，允许外部贡献者为他们感兴趣的信息框定义映射，并使用其他类和属性扩展现有的 DBpedia 本体。目前 Dbpedia Ontology 涵盖了 685 个类、2795 个不同的属性描述以及大约 4 233 000 个实例。

2. 完善地理空间数据本体库

本体自 20 世纪 80 年代被引入到信息领域，借助于完善的字典库，在信息检索、多语言翻译等领域取得了巨大的成功，但在地学领域一直没有得到广泛的、大规模的应用，其根本的原因在于缺乏系统完善的、可实际应用的本体库。尽管本书已经分别构建了时间、空间、形态等方面的数据本体，但作为地理本体的新成员，地理空间数据本体的构建才刚刚开始。下一步应按照第 4 章提出的地理空间数据本体总体框架，遵循五元组模型，以地理空间要素为核心，持续构建时间本体、空间本体、要素本体、形态本体、来源本体，形成其完善的概念、关系、属性、约束和实例。由于时间、空间基础本体、数据形态本体、来源本体新概念的发展依赖于数据采集获取、存储管理和处理技术的发展，相对来说较为稳定，因此，未来应重点构建时间应用本体，如事件时间本体、自然灾害本体、气象物候本体等；空间应用本体，如经济区本体、风景区本体、遗产地本体、环境敏感区本体、功能区划本体等；特别是要素本体，可按照学科领域，逐步构建学科领域（地理学、地质学、气象学、水文学、土壤学等）的要素本体。地理空间数据本体框架及其建设重点如图 10-4 所示。

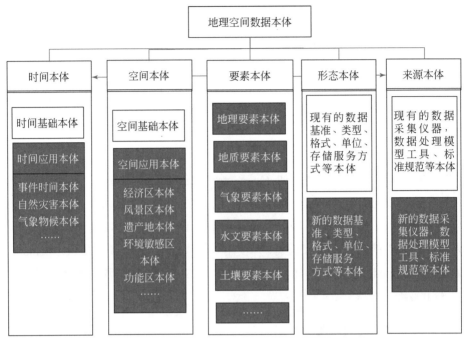

图 10-4 地理空间数据本体框架及未来建设重点（深色框）

由于地理空间数据本体构建工作量巨大，是一项长期性、基础性的工作，必须充分整合和集成已有的相关本体库（如 SWEET、Geonames 等）以及网络上各种相关的开放信息资源，利用网络挖掘、本体对齐、融合集成、众包志愿等自动/半自动化构建方法，长期坚持，不断完善和丰富地理空间数据本体库。

3. 推动地理空间数据本体应用

研究和构建地理空间数据本体的目的就是通过规范化的本体概念、实例及其相互间的关系，解决语义异构问题，支撑地学数据的分类集成、存储管理、智能检索、交换共享、数据关联和挖掘分析等应用。同时，通过本体的广泛应用，提升和改进地理空间数据本体构建的理论方法与技术体系，推进地理空间数据本体的发展。因此，应结合国家重大工程和计划，如国家科技基础条件平台跨平台、跨类型科技资源的关联与共享，国务院要求全国各省级行政单位开展的政务信息资源共享管理、政务信息系统整合共享等，大力推动地理空间数据本体的应用。主要的应用方向体现在以下 6 个方面。

（1）数据分类编码

依托地理空间数据本体，可以很好地解决传统地学数据资源分类编码中的
3 个问题：①利用本体概念之间的关系，可以自动、实时地实现数据资源的分
类；②由于本体概念语义的规范性与一致性，不同分类体系可以很好地进行映
射和转换；③数据资源与本体概念关联后，数据分类体系会随着本体库的更新
而自动更新，不会影响数据的编码，从而保障数据资源在存储管理和共享利用
中编码的唯一性。

（2）数据集成建库

数据集成的难点在于不同来源数据的语义差异，而数据建库 ER 模型的核
心则是实体的准确识别、抽取，实体属性的科学设计，以及实体关系的全面梳
理。地理空间数据本体可以很好地支持地学数据集成与建库工作。数据集成时，
首先利用本体对异构数据资源进行语义标注，然后根据本体概念的语义关系，
通过语义的映射和转换，在保持语义一致性的前提下，实现异构数据的统一集
成。数据建库时，依据本体可以方便地抽取出科学、系统的 ER 模型：本体概
念对应数据表实体、概念属性对应数据表字段、概念实例对应字典表记录或属
性值域、本体关系可以直接转换为表间的关系，从而为数据建库奠定基础。

（3）数据语义搜索

语义搜索是解决传统关键词匹配搜索"查不全、查不准"等问题的有效办
法，已经被广泛应用于各类信息搜索中。语义搜索的基础是本体及其语义推理，
其基本过程是首先利用本体对待查询的数据库进行语义标注，然后对用户搜索
关键词进行语义扩展，再利用扩展后的搜索关键词与规范化语义标注后的数据
库进行匹配查询，最终将查询结果按语义相关度进行优化排序。因此，地理空
间数据本体可以很好地支持和应用到地学数据的语义搜索中。如利用地学数据
空间本体，可以进行空间拓扑推理（如雄安新区在空间上包含河北省的雄县、
容城和安新）；利用地学数据形态本体，可以进行数据类型与格式实例的匹配
判断（如矢量类型包括 GML，ArcGIS，SuperMap，MapGIS 等格式），从而实
现地学数据的语义搜索。

（4）关联数据

关联数据（linked data）被认为是语义网的一种实现，它通过明确的语义
表达，使得不同领域、来源和结构的数据可以相互链接，从而促进数据的查找、

集成与利用，为构建一个富含语义、人机都可理解的、互连互通的全球数据网络奠定基础。谷歌 2012 年启动的知识图谱就是典型的关联数据。它采用资源描述框架模型来表示数据，将内部信息资源都唯一地关联起来。如果查询词匹配到了谷歌知识图谱中的某个实体，谷歌就会以知识卡片的形式返回这个实体的属性以及与其他实体的关系。关联数据的基础就是数据资源的特征语义，其价值则在于数据之间的关联关系。这恰恰是数据本体的核心所在。基于数据本体，可以对数据资源进行不同维度的语义标注，在此基础上，利用本体本身具有的概念与概念、概念与实例、实例与实例间的关系，就可以自动产生不同数据之间的关联关系。

（5）数据挖掘分析

数据挖掘分析是指利用聚类、回归、机器学习等方法对数据资源的变化特征及隐藏的规律进行认识，对数据资源的发展趋势和异常特征进行预测和预警。地学数据挖掘分析通常需要用到不同来源、不同类型、不同部门和不同时间周期的数据资源，往往需要对这些数据资源进行预处理、融合或同化，包括：数据空间基准的统一、数据类型格式的转换、数据时空尺度的变换、数量单位、分类体系的统一、语义的一致性处理等。只有在数据本体的支持下，才能准确理解数据资源各类特征的语义信息，为不同来源、类型、部门和时间的数据资源提供统一的语义基准，才能正确进行数据的预处理、融合、同化和挖掘分析。

（6）地学知识图谱

知识图谱是指用可视化技术描述领域知识资源及其载体，绘制和显示知识及它们之间的相互联系，已被广泛应用于领域知识的查询分析与挖掘应用。知识图谱的基础是领域知识库，其关键核心是利用知识体系及其语义关系，动态生成满足应用需求的图谱。因此，大力发展地理空间数据本体库，是促进地学知识图谱的基础和前提。如在构建建设项目环境影响评价知识图谱时，首先应该构建建设项目环境影响评价知识库；其次基于本体库中概念/实例之间的语义关系，以应用目标为原点，动态生成与之相关的知识图谱；基于知识图谱进行图搜索、知识推理等各项应用，从而为建设项目环境影响评价报告书撰写、技术复核、评估提供知识服务。

参 考 文 献

常春. 2004. Ontology 在农业信息管理中的构建和转化. 北京：中国农业科学院博士学位论文.

陈建. 2006. 领域本体的创建和应用研究. 北京：对外经济贸易大学硕士学位论文.

陈建军，周成虎，王敬贵. 2006. 地理本体的研究进展与分析. 地学前缘，13（3）：81-90.

陈军，王春卿. 2003. 关于科学数据共享机制的思考. 中国基础科学，(1)：42-45.

陈述彭，何建邦，承继成. 1997. 地理信息系统的基础研究. 地球信息科学，3：11-20.

陈述彭. 2007. 地球信息科学. 北京：高等教育出版社.

陈跃国，王京春. 2004. 数据集成综述. 计算机科学，31（5）：48-51.

辞海编辑委员会. 2007. 辞海. 上海：上海辞书出版社.

崔巍，蒋天发，张德新. 2004. 用数据挖掘和本体实现空间信息系统语义互操作. 武汉理工
　　大学学报（交通科学与工程版），(1)：118-121.

崔巍. 2004. 用本体实现地理信息系统语义集成和互操作. 武汉：武汉大学博士学位论文.

邓志鸿，唐世渭，张铭，等. 2002. Ontology 研究综述. 北京大学学报（自然科学版），(5)：
　　730-738.

董慧，余传明. 2005. 中文本体的自动获取与评估算法分析. 情报理论与实践，28（4）：
　　415-418.

杜萍. 2011. 基于本体的中国行政区划地名识别与抽取研究. 兰州：兰州大学博士学位论文.

杜清运. 2001. 空间信息的语言学特征及其自动理解机制研究. 武汉：武汉大学博士学位
　　论文.

段磊. 2016. 基于本体建模的高分辨率影像乡村居民地信息提取研究. 兰州：兰州大学硕士学位
　　论文.

葛全胜，刘健，方修琦，等. 2012. 过去 2000 年冷暖变化的基本特征与主要暖期. 地理学报，
　　68（5）：579-592.

龚一鸣，张克信. 2007. 地层学基础与前沿. 武汉：中国地质大学出版社.

龚赟. 2007. 基于 OWL 描述的本体推理研究. 长春：吉林大学硕士学位论文.

顾芳. 2004. 多学科领域本体设计方法的研究. 北京：中国科学研究生院（计算技术研究

所）博士学位论文.

桂文庄. 2007. 迎接科学数据库发展的新阶段——中国科学院科学数据库发展 20 年的回顾与思考. 中国科学院院刊, 22（1）：83-85.

郭华东. 2014. 大数据大科学大发现——大数据与科学发现国际研讨会综述. 中国科学院院刊, 29（4）：500-506.

郭华东, 王力哲, 陈方, 等. 2014. 科学大数据与数字地球. 科学通报, 59（12）：1047-1054.

郭庆胜, 杜晓初, 闫卫阳. 2006. 地理空间推理. 北京：科学出版社.

国家自然科学基金委员会地球科学部. 2006. 地球科学"十一五"发展战略. 北京：气象出版社.

韩婕, 向阳光. 2007. 本体构建研究综述. 计算机应用与软件, 24（9）：21-23.

何建邦, 李新通, 毕建涛, 等. 2003. 资源环境信息分类编码及其与地理本体关联的思考. 地理信息世界, （5）：6-11.

侯志伟, 诸云强, 高星, 2015. 时间本体及其在地学数据检索中的应用. 地球信息科学学报, 17（4）：379-390.

侯志伟, 诸云强, 高楹等. 2018. 地质年代本体及其在语义检索中的应用. 地球信息科学学报, 20（1）：17-27.

侯志伟. 2016. 地学数据时间本体及其在语义检索中的应用——以地质年代本体为例. 北京：中国科学院地理科学与资源研究所硕士学位论文.

黄鼎成, 林海, 张志强. 2005. 地球系统科学发展战略研究. 北京：气象出版社.

黄茂军. 2005. 地理本体的形式化表达机制及其在地图服务中的应用研究. 武汉：武汉大学博士学位论文.

黄珍东, 吕先志, 袁伟, 等. 2013. 国家科技基础条件平台运行和发展的机制分析. 中国基础科学, 15（1）：46-49.

贾君枝. 2007. 《汉语主题词表》转换为本体的思考. 中国图书馆学报, （4）：41-44.

贾黎莉. 2007. Ontology 构建中概念间关系的研究. 北京：中国农业科学院硕士学位论文.

金芝. 2001. 知识工程中的本体论研究. 北京：清华大学出版社.

景东升. 2005. 基于本体的地理空间信息语义表达和服务研究. 北京：中国科学院遥感应用研究所博士学位论文.

李德仁, 邵振峰. 2009. 论新地理信息时代. 中国科学（F 辑：信息科学）, 39（6）：579-587.

李德仁. 2013. 智慧地球时代测绘地理信息学的新使命. 地理信息世界, 20（2）：6-7.

李德仁. 2017. 从测绘学到地球空间信息智能服务科学. 测绘学报, 46（10）：1207-1212.

参 考 文 献

李国杰，程学旗. 2012. 大数据研究：未来科技及经济社会发展的重大战略领域——大数据的研究现状与科学思考. 中国科学院院刊，27（6）：647-657.

李宏伟，梁汝鹏，李勤超，等. 2012. 地名本体服务系统设计与实现. 测绘工程，21（1）：1-6.

李宏伟. 2007. 基于 Ontology 的地理信息服务研究. 郑州：解放军信息工程大学博士学位论文.

李厚银，邓硕，李景文，等. 2015. GOUM：一种基于 UML 的地理本体模型映射方法研究. 测绘与空间地理信息，38（5）：30-33.

李景. 2005. 本体理论在文献检索系统中的应用研究. 北京：北京图书馆出版社.

李军，周成虎. 1999. 地学数据特征分析. 地理科学，19（2）：63-67.

李霖，王红. 2006. 基于形式化本体的基础地理信息分类. 武汉大学学报（信息科学版），31（6）：523-526.

李霖，朱海红，王红，等. 2008. 基于形式本体的基础地理信息语义分析——以陆地水系要素类为例. 测绘学报，（2）：230-235，242.

李淑霞，谭建成. 2007. 论地理信息科学的本体方法论. 测绘科学技术学报，24（B12）：4-6.

李威蓉，诸云强，宋佳，等. 2017. 地理空间数据来源本体及其在数据关联中的应用. 地球信息科学学报，19（10）：1261-1269.

李威蓉. 2018. 地理空间数据来源本体及其在数据关联中的应用. 淄博：山东理工大学硕士学位论文.

李文娟. 2010. 基于 OWL 的地名本体构建与检索机制研究. 郑州：解放军信息工程大学硕士学位论文.

梁国玲，张永波，张礼中，等. 2007. 基于 GIS 的中国地下水资源空间数据库建. 地球学报，28（6）：572-578.

梁国玲，张永波，张礼中，等. 2010. 区域地下水资源数据库标准建设问题探讨. 工程勘察，38（6）：31-34.

廖军. 2007. 基于领域本体的信息检索研究. 长沙：中南大学硕士学位论文.

廖克，等. 2007. 地球信息科学导论. 北京：科学出版社.

廖顺宝. 2010. 地球系统科学数据资源体系研究. 北京：科学出版社.

林松涛. 2006. 模块化本体建设研究. 北京：北京邮电大学博士学位论文.

刘柏嵩，高济. 2002. 基于 RDF 的异构信息语义集成研究. 情报学报，（6）：691-695.

刘柏嵩, 高济. 2005. 面向知识网格的本体学习研究. 计算机工程与应用, （20）: 1-5.

刘闯. 2014. 完善我国科学数据共享机制的新举措-科学数据DOI注册与发表. 北京: 2014 科学数据大会—科研大数据与数据科学.

刘纪平, 栗斌, 石丽红, 等. 2011. 一种本体驱动的地理空间事件相关信息自动检索方法. 测绘学报, 40（4）: 502-508.

刘润达, 褚文博, 诸云强, 等. 2012. 国家科技基础条件平台运行服务阶段关键问题探析. 现代情报, 32（11）: 51-53.

刘润达. 2013. 中国科学数据共享网站评价. http: //news. sciencenet. cn/sbhtmlnews/2013/6/274215. shtm?id=274215 [2013-06-17].

刘宇松. 2009. 本体构建方法和开发工具研究. 现代情报, 29（9）: 17-24.

罗侃, 诸云强, 程文芳, 等. 2016. 极地科学数据关联方法及应用研究. 极地研究, 28（3）: 361-369.

罗侃. 2015. 地理空间数据自动关联方法研究与实践. 北京: 中国科学院大学硕士学位论文.

马雷雷. 2012. 空间关系本体描述与推理机制研究. 郑州: 解放军信息工程大学硕士学位论文.

美国国家航空和宇宙管理局地球系统科学委员会. 1992. 地球系统科学. 陈泙勤译. 北京: 地震出版社.

潘鹏. 2015. 地理空间数据本体及其在数据发现中的应用研究. 北京: 中国科学院地理科学与资源研究所博士学位论文.

彭淑惠. 2005. 云南岩溶区地下水及地质环境数据库建. 云南地质, 24（2）: 232-239.

普帆, 李霖, 王红. 2011. 概念格在基础地理本体层次构建中的应用. 测绘科学, （06）: 235-237.

千怀遂, 孙九林, 钱乐祥. 2004. 地球信息科学的前沿与发展趋势. 地理与地理信息科学, 20（2）: 1-7.

钱平, 郑业鲁. 2006. 农业本体论研究与应用. 北京: 中国农业科学技术出版社.

沈志宏, 张晓林, 黎建辉. 2012. Open CSDB: 关联数据在科学数据库中的应用研究. 中国图书馆学报, （5）: 17-26.

疏兴旺. 2012. 基于地理本体的皖江岸线空间规划决策研究. 合肥: 安徽农业大学硕士学位论文.

孙九林, 林海. 2009. 地球系统研究与科学数据. 北京: 科学出版社.

孙凯，诸云强，潘鹏，等. 2016. 形态本体及其在地理空间数据发现中的应用研究. 地球信息科学学报，18（08）：1011-1021.

孙凯. 2017. 地学数据形态本体及其在数据关联中的应用. 北京：中国科学院大学硕士学位论文.

孙敏，陈秀万，张飞舟. 2004. 地理信息本体论. 地理与地理信息科学，（03）：6-11，39.

孙枢. 2005. 对我国全球变化与地球系统科学研究的若干思考. 地球科学进展，20（1）：6-10.

孙小燕. 2006. 本体理论及其在地质环境管理信息系统中的应用. 南京：南京师范大学硕士学位论文.

汪品先. 2003. 我国的地球系统科学研究向何处去. 世界科学，18（6）：2-7.

汪小帆. 2014. 数据科学与社会网络：大数据，小世界. 科学与社会，4（1）：27-35.

王东旭，诸云强，潘鹏，等. 2016. 地理数据空间本体构建及其在数据检索中的应用. 地球信息科学学报，18（04）：443-452.

王东旭. 2016. 地学数据空间本体构建及其在数据检索中的应用——以中国区划本体为例. 北京：中国科学院地理科学与资源研究所硕士学位论文.

王洪伟，吴家春，蒋馥. 2003. 基于描述逻辑的本体模型研究. 系统工程，（03）：101-106.

王敬贵. 2005. 基于地理本体的空间数据集成研究. 北京：中国科学院地理科学与资源研究所博士学位论文.

王卷乐，孙九林. 2009. 世界数据中心（WDC）回顾、变革与展望. 地球科学进展，24（6）：612-620.

王卷乐，杨雅萍，诸云强，等. 2009. "973"计划资源环境领域数据汇交进展与数据分析. 地球科学进展，24（8）：947-953.

王晓理. 2010. 地理信息数据结构处理优化应用研究. 郑州：解放军信息工程大学博士学位论文.

王艳东，龚健雅，戴晶晶. 2007. 基于本体的空间数据语义查询研究. 测绘信息与工程，32（2）：32-34.

吴超，任福，杜清运，等. 2014. 基于形式本体的POI数据分类方法. 地理与地理信息科学，30（6）：13-16.

吴立宗，涂勇，王亮绪，等. 2010. 浅谈科学数据出版中的数字对象唯一标识符. 中国科技资源导刊，42（5）：22-29.

吴立宗，王亮绪，南卓铜，等. 2013a. DOI在数据引用中的应用：问题与建议. 遥感技术与应用，28（3）：31-36.

吴立宗，王亮绪，南卓铜，等.2013b. 科学数据出版现状及其体系框架. 遥感技术与应用，28（3）：383-390.

吴孟泉. 2007. 基于本体驱动多源异构时空数据的农业地理信息分类与查询研究. 北京：中国科学院研究生院（遥感应用研究所）博士学位论文.

徐国虎，许芳. 2006. 本体构建工具的分析与比较. 图书情报工作，50（01）：44-48.

杨秋芬，陈跃新. 2002. Ontology 方法学综述. 计算机应用研究，4：5-7.

杨胜元. 2008. 贵州环境地质. 贵州：贵州科技出版社.

杨先洪，诸云强，朱腾，等. 2017. 基于本体的地学数据建库方法. 中国科技资源导刊，49（5）：30-36.

虞为，曹加恒，陈俊鹏. 2007. 基于本体的地理信息查询和排序. 计算机工程，33（21）：157-159.

张礼中，周小元，张永波，等. 2001. 西北地下水资源数据库及其网上发布. 地球学报，22（4）：307-310.

张新. 2006. 基于中文科技论文的本体交互式构建方法研究. 大连：大连理工大学硕士学位论文.

张永波，梁国玲，张礼中，等. 2003. 中国地下水资源空间数据库标准化研究. 地球学报，24（4）：371-374.

张宇翔. 2002. Nki 本体理论中一些基本关系的研究. 昆明：云南师范大学硕士学位论文.

赵鹏大. 2014. 大数据时代呼唤各科学领域的数据科学. 中国科技奖励，183：29-30.

钟海东. 2011. 基于地理本体的移动 GIS 空间信息服务研究. 上海：华东师范大学博士学位论文.

周成虎，鲁学军. 1998. 对地球信息科学的思考. 地理学报，53（4）：372-380.

周秀骥. 2004. 对地球系统科学的几点认识. 地球科学进展，19（4）：513-515.

周栩. 2011. 本体工程中若干问题的研究. 长春：吉林大学博士学位论文.

朱扬勇，熊赟. 2009. 数据学. 上海：复旦大学出版社.

诸云强，潘鹏，宋佳，等. 2017. 地学数据本体研究与发展思考. 河南师范大学学报（自然版），（6）：1-8.

诸云强，宋佳，冯敏. 2012. 地球系统科学数据共享软件研究与发展. 中国科技资源导刊，44（6）：11-16.

诸云强，宋佳，潘鹏，等. 2014. 地学数据共享发展现状、问题与对策研究. 中国科技资源导刊，46（4）：55-63.

诸云强，孙九林，冯敏，等. 2013. 论地学科研信息化环境. 中国科学院院刊，28（4）：501-510.

诸云强，孙九林，宋佳，等. 2011. 地学 e-Science 研究与实践——以东北亚联合科学考察与合作研究平台构建为例. 地球科学进展，26（1）：66-74.

诸云强，朱琦，冯卓，等. 2015a. 科学大数据开放共享机制研究及其对环境信息共享的启示. 中国环境管理，7（6）：38-45.

诸云强，孙九林，王卷乐，等. 2015b. 论地球数据科学与共享. 国土资源信息化，（1）：3-9.

Abarbanel H D I，Brown R，Sidorowich J J，et al. 1993. The analysis of observed chaotic data in physical systems. Rev Mod Phys，65：1331-1392.

Al-Ageili M，Mouhoub M. 2015. Ontology-based Information Extraction for Residential Land Use Suitability：A Case Study of the City of Regina，Canada. Lecture Notes in Computer Science，（11）：356-366.

Arpírez J C，Corcho O，Fernández-López M，et al. 2001. WebODE：a scalable workbench for ontological engineering . Victoria：Proceedings of the 1st international conference on Knowledge capture：6-13.

Bai Y Q，Di L P. 2012. Review of geospatial data systems support of global change studies. British Journal of Environment & Climate Change，2（4）：421-436.

Bechhofer S，Horrocks I，Goble C，et al. 2001. OilEd：a reason-able ontology editor for the semantic web. Vienna：Proceedings of the KI 2001，Joint German/Austrian conference on Artificial Intelligence：396-408.

Bellini P，Benigni M，Billero R，et al. 2014. Ontology Bulding vs Data Harvesting and Cleaning for Smart-city Services. Journal of Visual Languages & Computing. 25（6）：827-839.

Bernard L，Kanellopoulos I，Annoni A，et al. 2005. The European geoportal—one step towards the establishment of a European Spatial Data Infrastructure. Computers Environment & Urban Systems，29（1）：15-31.

Borst W N. 1997. Construction of engineering ontologies for knowledge sharing and reuse. Enschede：University of Twente.

Bozsak E，Ehrig M，Handschuh S，et al. 2002. KAON - Towards a Large Scale Semantic Web E-Commerce and Web Technologies. Heidelberg：Springer Berlin.

Chaudhuri S，Dayal U. 1997. An overview of data warehousing and OLAP technology. ACM SIGMOD Record，26（1）：65-74.

Corcho O，Fernández-López M. 2003. Methodologies，tools and languages for building ontologies. Where is their meeting point? Data & Knowledge Engineering. Washington：IEEE：41-64.

Crompvoets J，Bregt A，Rajabifard A，et al. 2004. Assessing the worldwide developments of national spatial data clearinghouses. International Journal of Geographical Information Science，18（7）：665-689.

Di L，Ramapriyan H K，Zhang D，et al. 2010. Standard-Based Data and Information Systems for Earth Observation. Heidelberg：Springer Berlin.

Ding L，Lebo T，Erickson J S，et al. 2011. TWC LOGD：A portal for linked open government data ecosystems. Web Semantics Science Services & Agents on the World Wide Web，9（3）：325-333.

Domingue J，Motta E，Garcia O. 1999. Knowledge Modelling in WebOnto and OCML：A User Guide. http：//kmi. open. ac. uk/projects/webonto/user_guide. 2. 4. pdf. [2014-3-10]

Elkan C，Greinery R. 1990. Building large knowledge-based systems：representation and inference in the Cyc project. Amsterdam：Elserive.

Enas M F E H，Hassanein A M D E. 2014. Building a geographical ontology for the Nile River[J]. International Journal of Computer Applications，87（5）：6-12.

Eriksson H，Fergerson R，Shahar Y，et al. 1999. Automatic generation of ontology editors. Banff：Proceedings of the the 12th Banff Knowledge Acquisition Workshop .

Farquhar A，Fikes R，Rice J. 1996. The Ontolingua Server：A Tool for Collaborative Ontology Construction. Proceedings of the Tenth Knowledge Acquisition for Knowledge-Based System Workshop . Banff.

Farquhar A，Fikes R，Rice J. 1997. The Ontolingua Server：a tool for collaborative ontology construction. International Journal of Human-Computer Studies，46（6）：707-727.

Fensel D，Horrocks I，Van Harmelen F，et al. 2000. OIL in a nutshell. Knowledge Engineering and Knowledge Management Methods，Models，and Tools. 12th International Conference，EKAW 2000 Juan-les-Pins，France：137-154.

Fernández-López M，Gómez-Pérez A，Juristo N. 1997. Methontology：from ontological art towards ontological engineering，AAAI-97 Spring Symposium on Ontologieal Engineering，

参考文献

California: Stanford University.

Fonseca F, Davis C, Camara G. 2003. Bridging ontologies and conceptual schemas in geographic information integration. GeoInformatica, 7 (4): 355-378.

Gantz J, Reinsel D. 2012. The Digital Universe IN 2020: Big Data, Bigger Digital Shadows, and Biggest Growth in the Far East. Framingham: IDC Analyze the Future.

Goodchild M F. 2007. Citizens as sensors: the world of volunteered geography. GeoJournal, 69 (4): 211-221.

Goodchild M F, Fu P, Paul R. 2007. Sharing Geographic Information: An Assessment of the Geospatial One‐Stop. Annals of the Association of American Geographers, 97 (2): 250-266.

Gruber T R. 1993. A1 translation approach to portable ontology specifications. Knowledge acquisition, 5 (2): 199-220.

Gruber T R. 1995. Toward principles for the design of ontologies used for knowledge sharing. International Journal of Human Computer Studies, 43 (5): 907-928.

Grüninger M, Fox M S. 1995. Methodology for the Design and Evaluation of Ontologies. Montreal: Proceedings of the Workshop on Basic Ontological Issues in Knowledge Sharing held in conjunction with IJCAI-95 .

Gruninger M, Lee J. 2002. ONTOLOGY--applications and design. Communications of the ACM, 45 (2): 39-41.

Guarino N, Giaretta P. 1995. Ontologies and knowledge bases: Towards a terminological clarification. Towards Very Large Knowledge Bases Knowledge Building and Knowledge Sharing, 1 (9): 25-32.

Guarino N. 1997a. Semantic matching: Formal ontological distinctions for information organization, extraction, and integration. //Pazienza M. 1997. Information Extraction A Multidisciplinary Approach to an Emerging Information Technology. Heidelberg: Springer Berlin: 139-170.

Guarino N. 1997b. Understanding, Building and Using Ontologies. International Journal of Human Computer Studies, (46): 293-310.

Guarino N. 1998. Some ontological principles for designing upper level lexical resources. Proceedings of the First International Conference on Language Resources and Evaluation. Granada: ELRA-European Language Resources Association: 527-534.

Hart G, Greenwood J. 2003. A component based approach to GEO-ONTOLOGIES and GEODATA modeling to enable data sharing. Lyon: Proceedings of the 6th AGILE .

Hey T. 2009. The Fourth Paradigm: Data-Intensive Scienctific Discovery. // Kurbanoğlu S, Al U, Erdoğan P L, Tonta Y, Uçak N. 2012. E-Science and Information Management. IMCW 2012. Communications in Computer and Information Science. Heidelberg: Springer Berlin.

Horrocks I. 2002. DAML+OIL: A Description Logic for the Semantic Web. IEEE Data Engineering Bulletin, 25（1）: 4-9.

Kavouras M, Kokla M. 2002. A method for the formalization and integration of geographical categorizations. International Journal of Geographical Information Science, 16（5）: 439-453.

Kent R E. 2000. Conceptual knowledge markup language: An introduction. Netnomics, 2（2）: 139-169.

Kifer M, Lausen G, Wu J. 1995. Logical foundations of object-oriented and frame-based languages. Journal of the ACM（JACM）, 42（4）: 741-843.

Kok B, Loenen B V. 2005. How to assess the success of National Spatial Data Infrastructures? Computers Environment & Urban Systems, 29（6）: 699-717.

Korsmo F L. 2010. The Origins and Principles of the World Data Center System. Data Sci J, 8: 55-65.

Kuhn W. 2001. Ontologies in support of activities in geographical space. International Journal of Geographical Information Science, 15（7）: 613-631.

Lee T B, Hendler J, Lassila O. 2001. The semantic web. Scientific American, 284（5）: 34-43.

Lenat D B. 1995. CYC: A large-scale investment in knowledge infrastructure. Communications of the ACM, 38（11）: 33-38.

Lenat D B. 1990. CYC: Towards programes with common sense. Communications of ACM, 33（8）: 30-49.

Luc M, Bielecka E. 2015. Ontology for National Land Use/Land Cover Map. Poland Case Study: （2）: 21-39.

Lutz M. 2007. Ontology-based descriptions for semantic discovery and composition of geoprocessing services. Geoinformatica, 11（1）: 1-36.

Mattmann C A. 2013. A vision for data science. Nature, 493: 473-475.

McGuinness D L, Fikes R, Hendler J, et al. 2002. DAML+OIL: an ontology language for the

Semantic Web. Intelligent Systems，IEEE，17（5）：72-80.

McGuinness D L，Van Harmelen F. 2004. OWL web ontology language overview. W3C recommendation，10// https：//www. w3. org/TR/owl-features/ [2014-1-10].

Nagendra K S，Bukhres O，Major G，et al. 2001. NASA Global Change Master Directory：An Implementation of Asynchronous Management Protocol in a Heterogeneous Distributed Environment. Proceedings of the Int Symposium on Distributed Objects & Applications：136-145.

Naing M M，Lim E P，Hoe-Lian D G. 2002. Ontology-based Web Annotation Framework for HyperLink Structures. Proceedings of the Third International Conference on Web Information Systems Engineering .

Navigli R，Velardi P. 2004. Learning domain ontologies from document warehouses and dedicated web sites. Computational Linguistics，30（2）：151-179.

Neches R，Fikes R E，Finin T，et al. 1991. Enabling technology for knowledge sharing. AI magazine，12（3）：36-56.

Noy N，Mc Guinness D.2001.Ontology Development 101：A Guide to Creating Your First Ontology.Stanford Knowledge Systems Laboratory Technical Report KSL-01-05 and Standford Medical Informatics Technical Report SMI-2001-0880.

Perez A G，Benjamins V R. 1999. Overview of knowledge sharing and reuse components：Ontologies and problem-solving methods. // Benjamins V R，Chandrasekaran B，Perez A G，et al. 1999. Proceedings of the IJCAI-99 workshop on Ontologies and Problem-Solving Methods（KRR5）：Lessons Learned and Future Trends. Stockholm：Citeseer：1-15.

Provost F，Fawcett T. 2013. Data science and its relationship to big data and data-driven decision making. Big Data，1（1）：51-59.

Ran Y，Li X，Wang J. 2007. The Current Key Problems and Potential Solutions for Geosciences Data Sharing in China. Data Science Journal，6（SUPPL.）：250-254.

Rao M，Pandey A，Ahuja A K，et al. 2002. National spatial data infrastructure - coming together of GIS and EO in India. Acta Astronautica，51（1-9）：527-535.

Rocha L M. 1999. Complex Systems Modeling：Using Metaphors From Nature in Simulation and Scientific Models. Los Alamos：Los Alamos National Laboratory.

Rodriguez M A. 2000. Assessing semantic similarity among spatial entity classes. Richmond：

Virginia Commonwealth University.

Sheth A P, Larson J A. 1990. Federated database systems for managing distributed, heterogeneous, and autonomous databases. New York: ACM.

Shrestha B. 2007. Mountain Knowledge Hub Initiative in the Hindu Kush-Himalayan Region. Grazer Schriften Der Geographie Und Raumforschung, (1): 227-234.

Smith B, David M. 1998. Ontology and geographic kinds. Vancouver: Proceedings, International Symposium on Spatial Data Handling.

Staff S. 2011. Challenges and Opportunities. Science, 331 (6018): 692-693.

Studer R, Benjamins V R, Fensel D. 1998. Knowledge engineering: principles and methods. Amsterdam: Elsevier Science Publishers.

Studer R, Benjamins V R, Fensel D. 2004. Knowledge engineering: principles and methods. Data & Knowledge Engineering, 25 (1-2): 161-197.

Sure Y, Erdmann M, Angele J, et al. 2002: OntoEdit: Collaborative ontology development for the semantic web. Sardinia: Proceedings of the International Semantic Web Conference 2002 (ISWC 2002): 221-235.

Swartout B, Patil R, Knight K, et al. 1996. Toward distributed use of large-scale ontologies. Proceedings of the the AAAI Symp. On Ontological Engineering.

Tomai E, Kavouras M. 2004. From "onto-geonoesis" to "onto-genesis": The design of geographic ontologies. GeoInformatica, 8 (3): 285-302.

Uschold M, Gruninger M. 1996. Ontologies: Principles, methods and applications. Knowledge engineering review, 11 (2): 93-136.

Uschold M, Gruninger M. 2004. Ontologies and semantics for seamless connectivity. ACM SIG MOD Record, 33 (4): 58-64.

Uschold M. 1996. Building ontologies: Towards a unified methodology. Cambridge: The proceedings of Expert Systems the 16th Annual Conference of the British Computer Society Specialist Group on Expert Systems.

Van Heijst G, Schreiber A T, Wielinga B J. 1997. Using explicit ontologies in KBS development. International Journal of Human-Computer Studies, 46 (2-3): 183-292.

Vandecasteele A, Napoli A. Spatial ontolgies for detecting abnormal maritime behaviour. OCEANS, 5 (1): 1-7.

Wache H. 2001. Ontology-based integration of information-a survey of existing approaches. Bremen：Proceedings of the IJCAI Workshop Ontologies and Information Sharing：108-117.

Wang F，Vergaraniedermayr C. 2008. Collaboratively Sharing Scientific Data. Heidelberg：Springer Berlin.

Wiederhold G. 1992. Mediators in the Architecture of Future Information Systems. Computer，25（3）：38-49.

Xu G H. 2007. Open Access to Scientific Data：Promoting Science and Innovation. Data Science Journal，6：21-25.

Zhu Y Q，Zhu A X，Song J，et al.2017.Mutidimensional and quantitative interlinking approach for linked geospatial data.International Journal of Digital Earth，10（9）：1-21.

Zhu Y Y，Zhong N，Xiong Y. 2009. Data Explosion，Data Nature and Dataology. Beijing：Proceedings of International Conference on Brain Informatics：147-158.